妳也可以成為
美鞋改造達人

40款女鞋大變身，**11**位美國時尚
設計師聯手出擊實錄

喬‧派克漢Jo Packham、莎拉‧托利佛Sara Toliver　著

嚴洋洋　譯

國家圖書館出版品預行編目資料

妳也可以成為美鞋改造達人：40款女鞋大變身，11位
美國時尚設計師聯手出擊實錄嚴洋洋 譯／喬・派克漢
Jo Packham、莎拉・托利佛Sara Toliver 著 —初版—
臺北市：信實文化行銷，2008.07
面； 公分
ISBN: 978-986-6620-04-1 （平裝）
1.鞋 2.設計

423.55   97009045

STYLE 06

妳也可以成為美鞋改造達人：40款女鞋大變身，11位美國時尚設計師聯手出擊實錄

作　　者：喬・派克漢Jo Packham、莎拉・托利佛Sara Toliver

譯　　者：嚴洋洋

總 編 輯：許汝紘

主　　編：胡元媛

執行編輯：黃心宜

美術輯編：張尹琳

發　　行：楊伯江、許麗雪

出　　版：信實文化行銷有限公司

地　　址：台北市大安區忠孝東路四段341號11樓之三

電　　話：（02）2740-3939　　傳　真：（02）2777-1413

網　　站：www. cultuspeak.com.tw

電子郵件：cultuspeak@cultuspeak.com.tw

劃撥帳號：50040687信實文化行銷有限公司

乘隆彩色印刷（02）8228-6369

圖書總經銷：知己圖書有限公司

（台北公司）台北市羅斯福路二段95號4樓之三

電話：（02）2367-2044　　傳真：（02）2362-5741

（台中公司）台中市407工業30路1號

電話：（04）2359-5819　　傳真：（04）2359-5493

2008年7月初版一刷

定價：新台幣320元

目次

自序

　　就如同慾望城市影集（Sex and the City）的凱莉（Carrie Bradshaw）說的：「能當個單身女郎可不是件容易的事，所以我們有充分理由多擁有幾雙好鞋！」

　　無論單身與否，只要是女人誰不愛好鞋？性感的細高跟鞋、嬉皮式的厚底鞋、輕鬆的夾腳拖等，那些鞋點亮女人生命，讓女人充滿熱情動力。寒冬穿上靴子就有型、露趾涼鞋是炎炎夏日決勝款……，女人在潛意識裡就對鞋子有著難以抑制的貪戀，促使我們失去理智、瘋狂地採購，並且將那一雙雙大膽誘人、不切實際設計的鞋款囤積在鞋櫃裡。

　　穿著直接去百貨公司買來的現成鞋子是一回事，穿著你自己創意改妝的鞋子，又是另外一回事。我跟你說啊，穿上自己改造的鞋子感覺就是很不一樣！光是知道你腳上的這雙鞋，在這世上是獨一無二，感覺就是走路有風、頭就是會抬的特別高。

　　一成不變的呆鞋，加上晶瑩剔透玻璃、金屬串珠、閃亮寶石、柔美珠花、亮片緞帶等等。賦予舊鞋全新的面貌，讓乏善可陳的鞋子多了一點趣味性，這樣的嶄新風格絕對是別的地方看不到的。你可以在衣櫃底層翻出一雙雙舊鞋，或是在跳蚤市場挑雙古董鞋著手進行改造。除此之

外，你還可以用類似的飾物順便改造皮包或是帽子，搭配穿著。

　　這本書就是要秀給各位美女看，如何不花大錢、又可以讓舊鞋子具有設計創意，不限涼鞋、球鞋或高跟鞋。每章都有示範鞋款，簡單、方便又迅速、出乎意料地容易。

　　我可以說女人對鞋子的愛戀、甚至遠超過時裝，這幾年來，鞋子的設計工藝已經達到藝術品的境界。翻到藝廊篇章看看那幾款展示品，你會發現那些創意下的設計作品，更適合放在展示櫃，而非穿在腳上四處趴趴走。

　　所以準備動手吧！釋放出你對鞋子的熱情來，開始動手創作，你會玩的很開心的！最棒的是還可以擁有好幾雙量身訂作，個人專屬的新鞋喔！

Jo Packham
&
Sara Toliver

新手改裝Q&A

Q.改裝鞋會很麻煩嗎?需要什麼?

A.直接說吧!

　　1.一雙想丟又捨不得的舊鞋。

　　2.隨手可得的飾品。

　　3.把第一項跟第二項可以結合起來的簡單工具。

　　4.無限創意與熱情。

Q.我很忙,沒時間弄這個,直接買不是比較快?

A.拜託!不用出門、不用花大錢、簡單的款式,有的只需要幾

　　分鐘,還很有環保概念,你真的不心動嗎?

Q.那我可以得到什麼?

A.天呀,姊妹,這還用說嗎?獨一無二的新鞋,換句話說是全

　　球唯一限量一雙的款式,你難道不想要一雙別人都沒有的鞋

　　子嗎?更別提過程真的有多好玩了。

Q.我覺得自己手不是很巧耶,萬一做好之後很難看怎麼辦?

A.反正那雙鞋子改裝前你也沒在穿了,你根本不會有損失。更

　　何況還沒做,你怎麼知道你做不好?(編按:小編自己手也

　　不巧,家事DIY什麼的,也很少做,但是自己真的動手改裝

　　鞋子後,大家都說還不錯看耶。我真的有穿出去喔。)

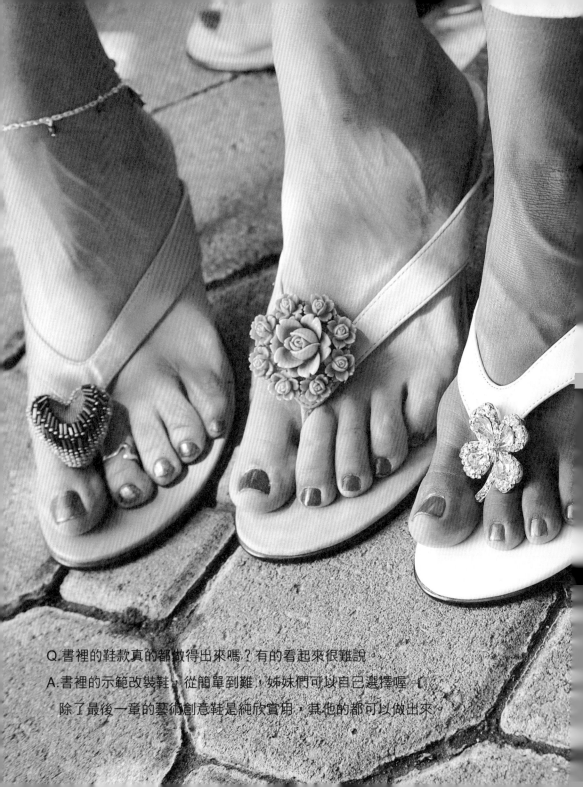

Q.書裡的鞋款真的都做得出來嗎？有的看起來很難說。

A.書裡的示範改裝鞋，從簡單到難，姊妹們可以自己選擇喔。
　除了最後一章的藝術創意鞋是純欣賞用，其他的都可以做出來。

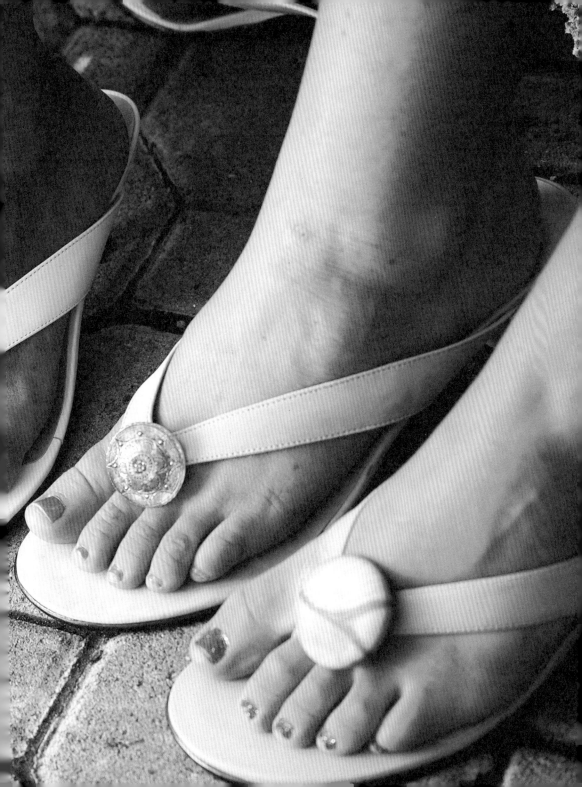

Q.那些飾品適用於改裝鞋呢？有沒有小技巧可以先告訴我？

A.以下這些裝飾技巧可幫助你開發改造鞋的無盡創意。

1. 改裝鞋之前，不管哪種鞋都要先進行清潔工作喔。

2. 絲綢或絹布製作的人造花，可增添女人味和色彩，適合放在夏天穿的拖鞋和夾腳拖。

3. 美麗的緞帶適合貼在鞋面邊緣、或是夾腳拖的鞋條、或是包鞋腳趾頭部份、或是涼鞋的繫繩、平底鞋的鞋面等。

4. 對付布面鞋子，你可以用黏性較強的雙面膠帶、熱熔膠、織物專用膠或用針線等將緞帶固定。工業用接著劑（強力膠）對皮鞋或塑膠鞋面都有超強的黏著效果。只是要注意使用場所是通風良好的，並且在完成黏著動作後二十四小時再穿。

5. 在鞋子上色，任何主題都可以畫在上面：花草植物、水果和動物等等。重點是在畫上去之前，請在紙上多加練習。當決定好呈現的主題，預先用鉛筆在鞋上打草稿，再逐一成形上色。簡單的幾何圖形如線條、菱形、圓點花樣，可以用器具輔助。

6. 布料材質的鞋子很適合繪圖著色，因為液體染料會被纖維吸收，像壓克力染料就相當合用。現有的圓形物品在沾了漆後，印在鞋面上效果絕佳，簡單說像是鉛筆頭連著的橡皮擦。

7. 寶石飾物：加上別針、寶石或是掛上晃動的鍊子，都是幫鞋鞋增色的簡單方法。你的飾物盒一定會有材料，少了一邊的耳環、不用的胸針、很少戴但超可愛的髮夾等。可以在鞋跟或是腳背的腳趾部分，加上晶亮的寶石鑽飾，或是別在鞋帶上。穿前確認這些飾物不會讓你的腳丫子破皮疼痛。或直接拿工業用黏著劑把這些飾物黏在鞋子表面。

8. 熱轉印的圖案對布鞋來說非常好用，可以運用在所有光滑的布料上－除了尼龍布。要留意搭配怎樣的圖案才具美感。然後按照程序說明把圖案轉印到適度的地方。（編按：熱轉印的使用方法，可以到3C用品專賣店或販售電腦相關零件的商店，購買熱轉印的專用貼紙，用印表機將圖案列印出來，再使用熨斗將圖案轉印到鞋面即可。記得要用電腦軟體，先將圖案水平反轉列印、這樣再轉印到物體上才會是正面的。此外，也可將想要轉印的圖案拿到照相館，請其協助製作成可轉印圖樣貼紙。）

9. 串珠和鈕釦，串珠和鈕扣是鞋子理所當然的裝飾物：無論你是用成打的小顆粒來裝飾整個鞋面；或是重點式地在腳趾處用個大尺寸的鈕釦點綴，都能給舊鞋帶來更多質感、色彩和光芒。按照鞋子的材質來決定這些立體飾物的擺放位置，照著縫線黏上珠子、或在腳趾頭的部位綁上緞帶等等。扁平的珠子和鞋面的接觸面積大，固定時比較牢固，而工業用的黏著劑更是黏合時的好幫手。玻璃珠的透明感和多樣色澤都讓人愛不釋手，在動手作設計的時候多點實驗精神，兩隻腳不必一定要對稱，我們要的是成品的效果。

美眉時尚眼力測驗

A.拖鞋與涼鞋

B.秋冬款高跟鞋

你能分辨哪些是現成？哪些是手工做的？

以下這些鞋子有些是從市面上直接買來的，有些是自己做的，你能找出來嗎？這些鞋款不但可以當作你創意改裝鞋的參考，還可以測驗一下自己的眼力喔。

（答案請見本書第168-171頁）

C.春夏款高跟鞋

D.OL必備鞋款

D.靴子

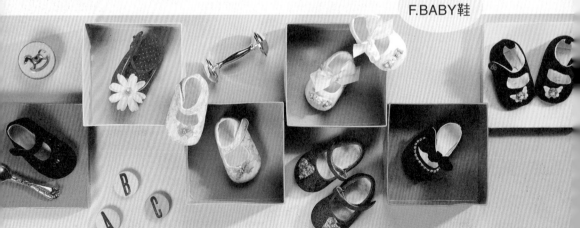

F.BABY鞋

A
B
C

20

單元一 拖鞋

慵懶美眉夏天必備的人字拖，我很懶、但我很美！人的雙腳跟身體其他部位一樣，不時需要放鬆休息一下。當我們做SPA泡湯按摩、去海灘、或單純在家休息，就穿上夾腳鞋或是柔軟的拖鞋吧！

緞帶夾腳拖鞋

染色線織緞帶或是平織緞帶可以讓夾腳拖鞋更
有型有款。

緞帶打結的步驟

製作步驟

1. 拿緞帶在夾腳拖鞋的鞋帶上比出決定需要的長度和皺摺。 一次剪好兩
   隻鞋子需要的份量。

2. 緞帶兩端打結，把打結露出的尾端部份整理好，將緞帶對折剪成等長。

3. 在原鞋帶上擠出黏著劑，並自一邊開始將緞帶固定在鞋帶上；自打結尾
   端向中央黏去，製造出皺褶或紋路－必要時使用別針。

4. 黏到鞋帶頭的地方，用緞帶上下把頭仔細包好，剩下的緞帶一起包進
   去。

5. 照第三步驟黏另一邊；只是在鞋帶頭的部份包的鬆些，做成像打了大
   結一樣。

6. 用黏膠把緞帶固定好，接頭處要在背面。

7. 同樣方法製作另外一隻鞋子。

● 剪刀 ● 工業用黏著劑 ● 別針

使用材料

● 二吋寬染色線織緞帶或是平織緞帶一碼 ● 一雙夾腳拖鞋

25

使用工具　　● 布剪　● 高密度縫線　● 熱熔槍和膠條

使用材料

● ¼吋寬緞帶　● ³⁄₈吋寬圓點緞帶　● 四個大鈕釦　● 一雙夾腳拖

可愛圓點鈕扣夾腳拖鞋

鬆緊帶式的點點緞帶，給可愛的夾腳拖鞋加入俏麗元素。

製作步驟

1. 將¼吋寬緞帶放在夾腳拖的鞋帶上比，決定所需長度。每隻腳各剪兩段等長備用。

2. 自鞋子後中開始，用熱黏膠黏合，直到鞋子前端為止。緞帶邊緣要小心的用膠黏好。

3. 在緞帶起始處黏上大鈕扣。

4. 在鞋帶處用高密度縫線將鈕扣用線穿好，將縫線打結。用¼吋寬的點點緞帶做成幾個2½吋直徑的結，用扣子後面的線將這些結自裡面固定綁好。

5. ¼吋寬緞帶另外剪一段6吋長，將之打結固定在夾腳拖鞋帶頭，透過這個結將步驟4的數個小結縫在鞋頭－注意多縫幾道以免散開。

6. 在另外一隻鞋子重覆上述步驟。

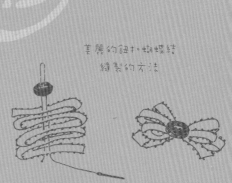

美麗的鈕扣蝴蝶結
縫製的方法

甜美綠果夾腳拖鞋

加上莓果小物妝點過的柔軟的白色毛巾布材質拖鞋
讓妳居家SPA時間，增添寧靜豐盈的氣息。

使用工具　　● 熱熔槍和膠條 ● 黏膠 ● 老虎鉗

使用材料

● 人造莓果枝束 ● 符合莓果顏色的緞帶2碼一雙 ● 白色毛巾布材質的夾腳拖

用熱熔槍將莓果
和樹枝固定

熱熔槍

製作步驟

1. 用老虎鉗將莓果枝分別切成單個果
   實和樹枝。

2. 用熱熔槍將莓果和樹枝自上了緞帶
   的夾腳拖的中央開始黏合。

3. 慢慢將整個鞋子的外觀完成，注意
   葉片黏合時不要露出柄或樹梗部
   分。

4. 在另外一隻鞋子重覆2、3步驟。

民俗風串珠夾腳拖鞋

小木珠串在趾間優遊晃盪，好一雙自在的夾腳拖！

製作步驟

1. 將織帶用別針固定放在夾腳拖的鞋帶上比，來決定長度。每隻腳各剪兩段等長備用。

2. 用熱熔槍將織帶自夾腳拖的中央開始，進行兩端黏合。進行外觀整理，有必要的話多貼一層木珠織帶。在另外一隻鞋子重覆1、2步驟。

Tips

如果在織帶邊緣的串珠垂墜位置有點亂，用熱熔膠將之固定整齊。
可用兩層附有木串珠的織帶來彌補間隙過大的問題，假使你手邊的串珠織帶是條數多、間隔小的；那一層織帶就綽綽有餘了。

熱熔槍

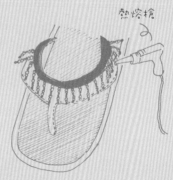

30

使用材料

● 一雙布料材質的夾腳拖　● 附有垂墜串珠的織帶半碼

31

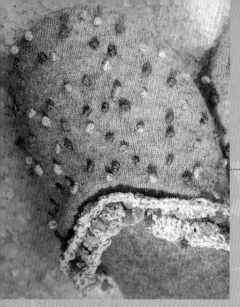

舒適布拖鞋

用法國結和編織飾帶來為喀什米爾毛料的拖鞋增色，要注意毛料鞋面的織紋空間可以容下鉤針頭來回。

彩色法國結縫製的步驟

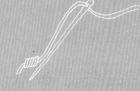

製作步驟

1. 在鞋面上用鉤針進行編織，沿線編出一條帶子。在其上再編織一條，編出豐富質感。

2. 開始用一色紗線縫製法國結：要注意紗線要夠長，在鞋面縫製一定數量的線結。自鞋面一邊縫到另外一邊，下線要儘量不影響腳穿進去的感覺。縫好一色再進行下一色，直到鞋面有滿滿可愛的彩色法國結。

3. 在另外一隻鞋子重覆1、2步驟。

Tips

如果你不知道如何編織，那麼就在鞋面縫一條蕾絲織帶吧！

● 較粗的縫衣針 ● 小號鉤針 ● 手工藝專用剪刀

使用材料

● 糖果色紗線 ● 一雙布料材質的夾腳拖 ● 四號色棉線

33

華貴棉拖鞋

穿上這樣貴氣盈亮的拖鞋，你會有女皇一樣的感覺。

使用工具　● 剪刀　● 針與縫線

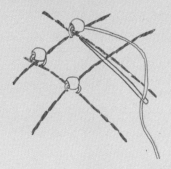

金色扣縫製的方法

使用材料

● 大尺寸金色扣

● 一雙布料材質的車棉織法拖鞋

● 小的金色串珠

製作步驟

1. 在鞋面中央縫上大尺寸金色扣，兩隻鞋子相同。

2. 從鞋內穿出針線，把小號金色串珠縫綴在每個車棉格的轉角。

Tips

為營造鞋面上的華麗風情，你可以選擇設計較為繁複、雕花造型的金色扣來裝飾。
另外，你也可以考慮採用銀色扣的搭配鞋面。

單元二 休閒鞋

無論你是在辦公室、家裡或是在大街小巷穿梭著，讓這些實穿又美觀的鞋款伴妳開心上路。可以狂野、可以溫柔、可以耍痞，愛怎樣改就怎樣改，風格多變的休閒鞋，就是時尚個性女孩必備鞋款。。

閃亮晶鑽休閒鞋

這個款式簡單大方，容易製作——因為只有改造腳趾部位而已。

使用工具

● 手工藝剪刀 ● 鑷子 ● 雙面膠帶

使用材料

● 一雙帆布鞋 ● 水鑽

Tips

示範的便鞋樣品在鞋頭是
橡膠材質，如果你的是布
料材質，那應用黏膠直接
將這些水鑽固定在布面就
可以了。

水鑽黏貼的方法

製作步驟

1. 剪兩段強力雙面膠帶，尺寸剛好地將之
   貼上兩隻鞋子的鞋頭。

2. 儘可能貼牢、貼平沒有皺摺。撕開雙面
   膠帶不黏的背帶。

3. 使用鑷子夾取水鑽，規則的密佈式貼
   上，讓間隔空隙幾乎看不見。儘可能壓
   緊，避免水鑽脫落。

4. 在另外一隻鞋重覆1、2、3步驟。

五彩活力球鞋

這雙高統球鞋使用了五種顏色來繪製，你高興塗上什麼色什麼都好，只要能讓這雙鞋更加多彩多姿。

使用材料

● 一雙高統帆布鞋

● 粗縫線或細的釣魚線

● 喜愛的壓克力顏料顏色

● 橡皮筋

● 項鍊

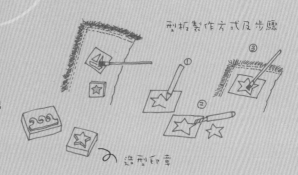

型板製作方式及步驟

① ②

造型印章

製作步驟

1.在兩隻球鞋腳背部份塞滿報紙讓鞋面硬挺。

2.在腳跟處塞進直立水杯，並在外面用橡皮筋綁著固定。

3.藉畫筆用壓克力顏料在發泡材質的印章盡情作畫，再蓋在布質鞋面上。

4.如果印不清楚可將手伸進鞋內，幫忙按壓印章。印好後待乾。

5.用粗縫線或細的釣魚線將項鍊分解成的珠飾，縫在喜歡的地方。

6.同樣方法製作另外一隻鞋子。

注意事項

示範的款式是用貝殼項鍊來裝飾。

使用工具 ● 水杯 ● 發泡材質的印章 ● 較粗的縫衣針 ● 報紙 ● 畫筆

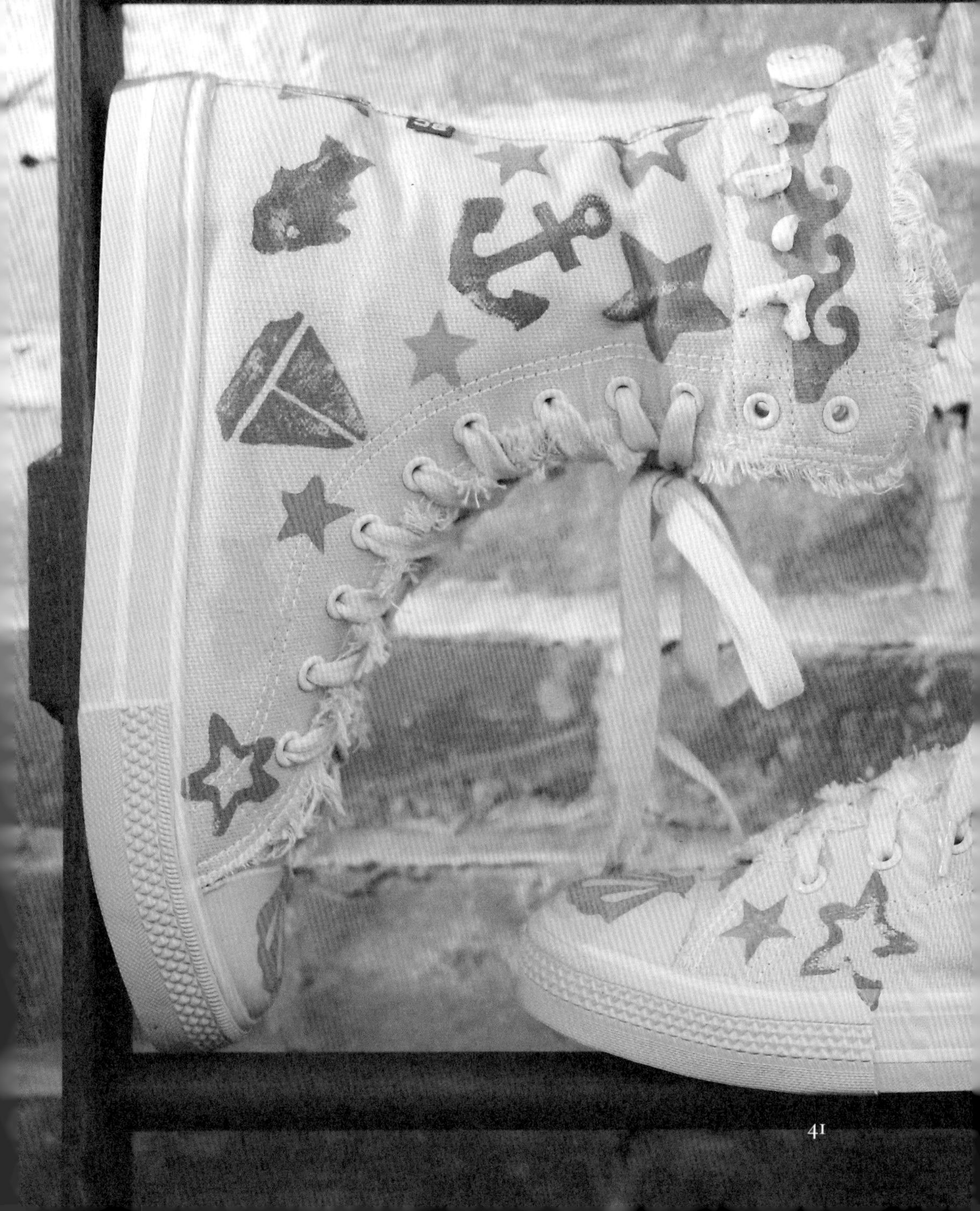

說走就走高統鞋

在鞋面貼上照片、旅遊中的票券還有護照上的戳章等，都是個收藏記憶的好辦法。

使用材料

● 一雙高統帆布球鞋　● 裝飾用緞帶四碼
● 電腦、列表紙、列表機和掃瞄器　● 布用顏料
● 旅行的照片、地圖、車票或是護照

製作步驟

1. 用影印機或掃瞄器印下旅行的照片、地圖、車票或是護照，或者從電腦直接列印在紙上。
2. 在桌面上事先排定影像呈現出的感覺，再放在鞋面上比畫：你可以暫時性地用膠將布貼在鞋面上，以便做出決定。之後將圖片剪成想要的形狀和大小尺寸。
3. 用畫筆沾上紡織品專用膠，一次一部份的將圖片黏上鞋面。注意圖片要緊密的黏上，不留空隙。持續黏貼直到整個鞋面貼滿－請避開鞋帶孔部份，因為那邊處理難度較高。
4. 用畫筆沾滿膠，將整個鞋面塗抹一層，待乾。
5. 使用細粒砂紙將乾透的鞋面略為磨過，創造一種皮面效果。
6. 用布用顏料在鞋面噴濺上痕跡，刻意做出設計感；或是在暴露出的布料鞋面，著上不同顏色。
7. 為了更加美觀，選擇性地在參差不齊或平坦的鞋邊黏上飾帶。

Tips

確定你撕下來的護照上、沒有重要的數字或是未過期的簽證。

使用工具　　● 工藝用剪刀　● 膠布　● 紡織品專用膠　● 細顆粒磨砂紙　● 小支畫筆　● 透明黏膠

使用工具 ● 電腦 ● 列表紙 ● 列表機 ● 掃瞄器 ● 影印機
● 工藝用剪刀 ● 紡織品專用膠 ● 鉗子 ● 小筆刷

使用材料

● 一吋半大頭針六支 ● 字母串珠 ● 布用顏料 ● 一雙孩童穿的白色布鞋
● 兩個串珠小支架和六個串珠小環 ● 狗爪形狀印章 ● 狗照片

愛狗球鞋

這是雙秀出你最愛寵物頭像的球鞋,示範所用的是為符合
狗毛顏色的黑色,你可以視寵物毛色來更換顏色。

製作串珠的方法

製作步驟

1. 利用筆刷和布用顏料在布鞋兩邊畫上跑道,待乾。

2. 在鞋子後面畫上腳印,或是用印章直接蓋上去,待乾。

3. 利用影印機印下自己最愛的狗照片,或自電腦連列表機列印在紙上。

4. 把狗頭剪下,用紡織品專用膠貼在鞋面。

5. 用字母串珠拼出狗名,用大頭針串在小環和支架上。用鉗子在尾端夾
   成圓環以確保珠子不鬆脫,另外一隻鞋子也一樣。

6. 剩下四支大頭針和小環,可自由創作串上適合的珠珠。
   有兩個辦法將串珠固定在鞋帶上。

   a. 如果有小型多孔支架(跟示範的樣品一樣),那就直接穿在鞋帶上。

   b.如果你買不到多孔小支架,那
      就利用小環直接穿在鞋帶上。

Tips

另外一個固定狗狗頭像的方式是用熱
轉印。你需要電腦、列表機和熱轉印
紙。下載或掃瞄照片在電腦裡,記得
是鏡面的相反效果,在印在轉印紙前
先用一般紙列印出來,避免印壞了。
把轉印紙印在白色棉布上後,再剪下
貼到鞋子上。轉印紙在3C電腦材料
店都可買到。

星空麂皮便鞋

你可以在這樣的平底便鞋任意裝飾喜歡的主題，
使用紙版－或是乾脆自己剪出形狀來！

使用工具 ● 手工藝專用剪 ● 熱熔槍和膠條 ● 油性奇異筆

使用材料

● 一雙麂皮便鞋 ● 零碎的皮料 ● 金屬亮片飾物

製作步驟

1. 從零碎的皮料上將想要的主題形狀，譬如心形或星形等剪下。照設計
   使用油性奇異筆繪圖，選擇性地修飾。

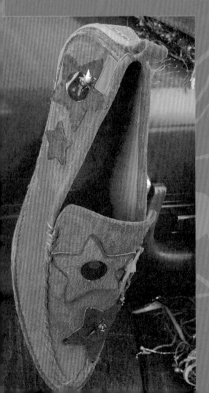

2. 用膠條熱熔後把皮料圖片黏到鞋面上，還有金屬
   材質的亮片也一起黏上去。

3. 同樣方法製作另外一隻鞋子。

Tips

運用金屬亮片作不同的形狀及顏色搭配，可以製作
出獨特的閃亮星星。

星星的製作與搭配組合

粉紅甜蜜休閒鞋

春天穿上可愛顏色的平底鞋，雙腳跟身體都輕
盈了起來。

製作步驟

1. 先將緞帶穿針，再一一穿過鞋邊原本穿好的洞裡。視需要修剪緞
   帶邊緣，並加黏著劑把鞋邊的緞帶固定好。

2. 將緞帶邊緣藉鑽子塞進邊緣的洞裡，用相同方法製作另外一隻鞋
   子。

3. 再將緞帶穿針，帶邊打結－自鞋內穿出鞋面，準備進行固定水晶飾
   物。

4. 透過水晶扣的兩邊細孔，來回數次每次留一點長度，形成多個蝴
   蝶結。再穿回鞋內打結固定。

5. 一邊三個圈結，飾扣的兩邊一共是六個：使用黏著劑在蝴蝶結的邊
   緣和鞋面黏貼固定。

6. 同樣方法製作另外
   一隻鞋子。

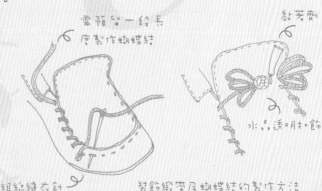

需預留一段長度製作蝴蝶結　黏著劑

水晶透明扣飾

粗線縫衣針　裝飾緞帶及蝴蝶結的製作方法

48

民族風木珠休閒鞋

被稱莫卡辛的便鞋，不論奔馳在草原，或是逛街壓馬路都很適合喔！

使用工具

● 鑽子　● 熱熔槍和膠條

熱熔槍

木質葉片飾品

使用材料

● 一雙大地色系便鞋
● 小型星形木珠
● 木質的小鈴鐺飾物
● 木質的葉片飾品
● 工藝用粗繩

製作步驟

1. 先用黏膠將木質的葉片飾品在腳趾部位黏上。

2. 用粗針將工藝用粗繩，自鞋內向原本的鞋帶孔穿出來。

3. 將粗繩穿過木質的小鈴鐺飾物，並且打結固定牢固。視需要將多餘部分剪去，並修飾繩結邊緣。

4. 將粗繩打個方結，同樣方法製作另外一隻鞋子。

5. 用熱熔膠將小型星形木珠沿著鞋邊黏上。

木質鈴鐺製作說明

繩子尾端打結

木質鈴鐺

如果鞋子沒有鞋帶孔，那麼使用鑽子鑽出兩個洞。此種形式的便鞋又稱為莫卡辛鞋（Moccasins），傳說是起源於印地安人，北美印地安契洛奇人(Cherokee)的禱詞：「願莫卡辛鞋在雪地留下你歡喜的足跡，願天上的彩虹永遠照耀你的肩頭。」

細緻盤珠平底鞋

這個鞋款，請選擇容易盤成圈狀的細條鑲綴飾帶，
顏色不管視同系列或是對比色系都很迷人。

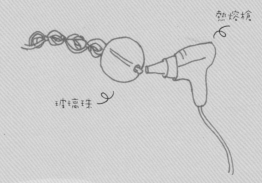

熱熔槍

玻璃珠

使用工具

● 布剪　● 熱熔槍和膠條

使用材料

● 玻璃珠兩個　● 一雙平底便鞋　● 細條鑲綴飾帶

製作步驟

1. 在鞋面將細條鑲綴飾帶沿著鞋邊繞兩圈，並且在腳趾處原地盤起。大
   致決定好需求長度後，另外多加兩吋長度剪下。

2. 使用熱熔膠將飾帶黏緊固定，從鞋面前中開始繞兩圈回到原點。

3. 將尚有剩餘的長度，依設計在鞋前處盤起成圈；自內向外盤，用膠黏
   緊。飾帶邊修齊藏好。

4. 將玻璃珠黏在圈圈中央。

5. 同樣方法製作另外一隻鞋子。

綴珠莫卡辛鞋

這個串珠墜飾來自聖誕樹的花圈飾物，你可以從舊有的項鍊或傢飾就地取材，或是上手工藝品店挑選更多種類的墜飾。

使用工具 ● 大頭針六支 ● 長嘴鉗子 ● 粗串珠用縫針

使用材料

● 一雙布面莫卡辛或是麂皮便鞋

● 二十針規格粗的金色鋼絲

● 串珠線或隱形縫線

● 裝飾用串珠

用尖嘴鉗夾彎鋼絲

將大頭針串好的串珠玻璃珠的掛到S型鋼絲上

製作步驟

1. 將串珠穿入大頭針，並用長嘴鉗將針彎曲避免串珠掉落。

2. 用鉗子將金色鋼絲夾彎成兩個S，並用粗串珠用縫針在鞋面外的縫線位置處固定。

3. 將大頭針彎曲處垂掛的串珠，和S字形鋼絲串在一起；一隻鞋用三支大頭針。

4. 將玻璃珠黏在圈圈中央。

5. 同樣方法製作另外一隻鞋子。

狂野豹紋平底鞋

加上亮面緞質編繩讓野性的豹紋鞋款，不衝突地添一分敏銳沉穩的都會感。

使用工具

● 工業用黏著劑 ● 布剪

使用材料

● 裝飾用串珠兩個 ● 一雙平底帶豹紋印花鞋面的便鞋 ● 亮面緞質編繩

製作步驟

1. 拿緞繩在平底鞋面上比，大致決定好需求長度後，另外多加四吋長度剪下。剪好兩隻鞋子需要的份量。

2. 沿著縫合線在鞋前腳趾處，先用膠黏好這一段。

3. 預留兩吋後向後黏長段部份，沿著縫合線黏一圈。當你黏到另外一邊，兩邊都有剩餘兩吋的長度。

4. 將這左右多餘的長度盤起圈，在繩頭的兩端用膠黏起來，固定在長短段交接處；並把接頭黏在繩圈下。

5. 把串珠在繩圈中央用膠固定。

6. 同樣方法製作另外一隻鞋子。

露趾高跟涼鞋

穿上充滿女人味的露趾高跟鞋，讓妳的一雙美腿，成為夏日街頭中，最引人注目的魅力焦點。

你要跟鞋談戀愛，那就去吧！鞋子不會回報你的
愛，倒也不會傷你太深。重點是美麗的鞋多的是。
—亞倫・沙曼（Allan Sherman美國音樂家，電視製作人）

午茶花園緞帶涼鞋

用絲綢花朵在妳的趾間搭起繽紛花園。在啜飲午茶的時光，從頭到腳一起化身為花園裡最美麗的彩蝶。

使用材料

● 顏色鮮艷的絲花兩束 ● 可搭配的帽子 ● 一雙高跟涼鞋

使用工具

● 鋼絲切斷器 ● 熱熔槍和膠條

製作步驟

1.將花朵一一自枝幹上剪下來備用。

2.將花朵份量均分給兩雙鞋用，用黏膠固定在鞋帶部份－注意黏的緊密讓花朵帶出花團錦簇的豐富感。

3.剩下的花朵黏在搭配的草帽緞帶上。

葡萄紅酒露踝涼鞋

穿上這款有後鞋帶的露踝涼鞋,你會有在納帕酒莊的
露台幽情啜飲黑皮諾葡萄酒的錯覺。

使用材料

● 葡萄玻璃珠串兩束

● 葉片飾物

● 鬚狀物或綠鐵線

● 隱形縫線

● 一雙後有鞋帶的露踝涼鞋

綠鐵線運用各式筆桿
纏繞出不同捲曲度的
鬚狀物

鬚狀飾物的製作方法

使用工具   ● 工藝用剪刀 ● 針 ● 熱熔槍和膠條

製作步驟

1. 將玻璃珠剪開成一小簇狀備用。

2. 將珠串的枝幹縫在鞋帶上,再把小簇狀
   的玻璃珠用膠固定在腳趾的鞋帶。

3. 用膠黏合相關葉片和鬚狀飾物,完成整
   個外觀。

4. 同樣方法製作另外一隻鞋子。

注意事項

注意只有枝幹部分用線縫緊,這樣就算哪
天你想拿掉這些飾物也不會傷及鞋面。

雞尾酒Party露趾涼鞋

藉這雙帶著綺夢幻想的雞尾酒圖案高跟鞋，引出妳內在的享樂狂歡因子！

使用工具

- 酒精
- 棉球
- 工藝用剪刀
- 膠水

圖案轉印的方法

在描圖紙上描繪圖案（正面）

將繪製好的描圖紙翻面，並以2B鉛筆塗抹（背面）

將鉛筆塗過的描圖紙面（背面）覆在高跟鞋跟上，再以鉛筆於正面再描一次（正面）

使用材料

- 一雙後有鞋帶的露踝涼鞋
- 細條黑色飾帶

製作步驟

1. 用棉球沾酒精清理皮質鞋面。
2. 在鞋面塗上兩層塑膠顏料底漆，每次間歇十五分鐘待乾。將筆刷洗乾淨，等三十分鐘到一小時才用同一支筆上漆。
3. 使用168頁的圖例，在鞋面和鞋根上擬草圖。
4. 用水稀釋塑膠漆的濃度，再用畫筆沾顏料上色。
5. 當顏料乾透後，用塑膠顏料密封劑塗上兩層：每次間隔四十五分鐘待乾。

注意事項

通常要上個兩到三次漆，才能得到滿意的效果。

金屬絲織涼鞋

狂放的金屬絲緞帶有一定的延展性，藉由這樣伸縮的物料特性
創造圈結鞋帶的存在感。

使用工具

● 布剪 ● 針和隱形縫線影印機

使用材料

● 有伸展性的金屬絲緞帶5碼

● 一雙細帶涼鞋

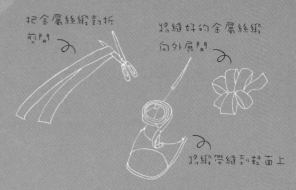

把金屬絲緞對折
剪開

將縫好的金屬絲緞
向外展開

將緞帶縫到鞋面上

縫製蝴蝶結的方法

製作步驟

1. 將緞帶對折剪開，分成兩段是
   一雙鞋的用量；在緞帶兩頭打
   結固定，避免散開。

2. 將其中一段的結縫在鞋帶上，
   在把緞帶平均在鞋帶上繞成幾
   個圈，並且把每個圈的底部都
   縫在鞋帶上。

3. 把一個個圈結拉的平整，朝不
   同方向做展開狀。

4. 同樣方法製作另外一隻鞋子。

緞帶高跟涼鞋

遮雨蓬似的粗緞帶將原本的鞋帶包覆起來，多了一點慵懶風情。

使用工具

● 手工藝用剪刀 ● 布膠 ● 布剪

● 大頭針 ● 捲尺

使用材料

● 一雙高跟涼鞋 ● 特黏膠帶

● $1^1/_2$ x $2^1/_2$ 吋寬的黑色緞帶

● $2^1/_2$ x 3 吋寬的條紋緞帶

製作步驟

1. 測量鞋帶橫越腳背的長度，外加一吋備份；將條紋緞帶按長度剪成兩隻鞋所需份量。

2. 把緞帶黏在鞋帶位置上，藉著在鞋帶上先貼好膠帶，把寬緞帶貼出刻意的一層皺摺。

3. 把緞帶邊緣折起變成較窄的一條，再用布膠黏在腳背部份。用大頭針別緊固定直到黏膠乾透。

4. 將黑膠帶布邊折齊，貼在條紋緞帶的邊緣，越過整個鞋底，把條紋緞帶的布邊完全遮住。

5. 同樣方法製作另外一隻鞋子。

6. 測量鞋帶橫越腳趾的長度，長寬外加$1/_8$吋備份；將條紋緞帶中剪下其中一條，按長度剪成兩隻鞋所需份量。

7. 用布膠把緞帶黏在腳趾部份，注意鞋帶要置中不歪斜。用工藝用剪刀把帶頭塞進鞋床－兩邊都是。同樣方法製作另外一隻鞋子。

給女孩一雙對的鞋，她就能征服世界。－貝蒂・米勒（Bette Miller）

珠珠高跟涼鞋

粉彩色的鞋子，如這雙薰衣草高跟鞋，採用珠花來裝飾是最好不過了。

選擇薰衣草色系的串珠
作點綴，使得鞋子顯得
更繽紛美麗

使用工具

● 粗縫衣針和隱形縫線

● 工藝用剪刀

● 熱熔槍和膠條

漂亮的串珠花製作方法

使用材料

● 一雙細帶高跟鞋　● 小型珠花　● 小型絲綢緞花

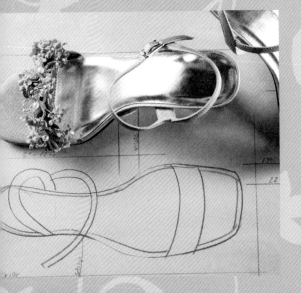

製作步驟

1. 自花束上剪下小型絲綢緞花，在鞋帶上重覆縫上五回，將這些絲花垂直排開固定。

2. 在絲綢緞花之間黏上小型珠花點綴。

3. 待膠乾後，以同樣的方法製作另外一隻鞋。

我不在家，不過鞋子都在，留言給它們吧！

－慾望城市（Sex and the city）

復古圓點高跟鞋

非常容易完成的款式，圓點直接印在花布上，幾乎不需要事前作業和多餘的手工。

使用材料

● 一雙布料涼鞋　● 壓克力顏料

使用工具

● 帶著橡皮擦的鉛筆　● 鉛筆　● 尺

製作步驟

1. 使用鉛筆和尺來決定圓點點在鞋面的位置。
2. 使用鉛筆頭橡皮擦均勻沾上壓克力顏料，在剛才預定的位置壓出點點，待顏料乾透。

Tips

事先規劃好圓點的密度與距離，能讓成品看起來更專業自然。可用同樣的手法製作同一系列搭配的包包。
圓點的顏色採用對比色調會使鞋子看起來搶眼突出，選擇相同色調則使成品看起較為柔和、協調。

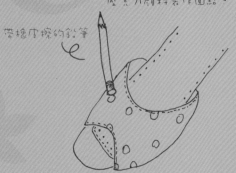

用鉛筆的橡皮擦端，沾壓克力顏料製作圓點。

帶橡皮擦的鉛筆

單元四 莫兒鞋

此種前包後空的高鞋款稱之為莫兒鞋（Mules），也有人稱之為高跟式的拖鞋。搭配性高，是休閒、正式場合都可以接受的一種鞋款。

美眉專屬鞋

選一塊帶有任何主題圖案的印花布，我選擇的是俏皮女孩風格的印花，
帶著唇膏、指甲油和香水瓶的女性化圖案。

使用工具

● ½吋 畫筆 ● ¾吋 畫筆 ● 黑色細字油性奇異筆 ● 丟棄式筆刷

● 布剪 ● 鉛筆 尺 ● 棉球

製作步驟

1. 先用酒精徹底清理皮質鞋面拖鞋。

2. 用¾吋 畫筆在鞋面塗上兩層塑膠顏料底漆，每次要間歇十五分鐘待乾。將筆
   刷清洗乾淨，等三十分鐘到一小時才用同一支筆上漆。

3. 用鉛筆和尺在鞋面畫上直線。

4. 用½吋的畫筆沾壓克力顏料，徒手在鉛筆線上畫直線，刻意造成粗細不均。

5. 當漆乾的差不多時，把印花布上的主題圖案剪下來。

6. 用丟棄式筆刷沾工業用黏著劑，隨興的把主題黏在鞋面。

7. 用油性奇異筆在主題旁邊加點修飾，待
   乾。

8. 兩隻鞋子都作好之後，用塑膠顏料密封劑
   塗上兩層：每次間歇四十五分鐘待乾。

Tips

一旦黏定了圖案，就不要隨便撕下，或更動
位置。會在鞋面留下難看痕跡。當上顏料或
底漆在鞋面上時，記得在底下墊張紙；這樣
當你需轉動鞋子時，只要移動下面的紙張即
可，還可預防顏料流下來弄髒桌面。

孔雀羽毛鞋

昂首闊步地穿著這雙羽毛鞋，拿著搭配的皮包。
熟練的繪圖技巧可以讓這雙無後跟拖鞋，創造出
獨一無二的藝術氛圍。

使用工具

● ³/₄吋 ● 畫筆 ● 棉球 ● 吹風機 ● 寬齒髮梳

● 紙巾 ● 強力膠 ● 低淺容器 (例如10吋x13吋烤盤)

使用材料

● 一雙素面高跟鞋 ● 孔雀羽毛 ● 塑膠顏料底漆 ● 丙酮 ● 水

● 液體澱粉漿 ● 塑膠顏料密封劑 ● 黑色、亮藍色、蘋果綠塑料漆

製作步驟

1. 將鞋面要繪畫的部份，用棉球沾丙酮事先擦過。

2. 用³/₄吋畫筆在鞋面塗上兩層底漆，每次間歇十五分
   鐘待乾。

3. 鞋面不會畫到的地方先貼膠帶做隔離保護。

4. 用水稀釋塑膠漆的濃度。

5. 在低淺的容器倒進液體漿液，至少一吋的高度。將三
   色塑膠漆注入漿液裡。

6. 立刻用吹風機吹乾。

7. 一旦漆乾透了，小心用紙巾浸濕了來擦拭鞋底和鞋跟
   底的殘餘顏料。

8. 兩隻鞋子都作好之後，用塑膠顏料密封劑塗上兩層：
   每次間歇四十五分鐘待乾。

9. 在喜歡的部位用強力膠黏上羽毛。

Tips

將筆刷清洗乾淨，等
三十分鐘到一小時才
用同一支筆上漆。

不會畫到的地方
可使用紙膠帶或
膠帶遮蔽作隔離

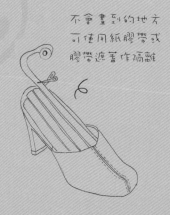

典雅珠飾鞋

亮面緞質編辮樣式的繩子和人造珍珠搭配出矜持典雅的氣質。

使用工具　● 工布剪　● 熱熔槍和膠條　● 筆刷

使用材料

● 26號粗鋼絲　● 人造珍珠　● 黑色壓克力顏料　● 亮面緞質編辮樣式的繩子

製作步驟

1.拿緞繩在鞋面上比，決定需要的長度。剪好兩隻鞋子需要的份量。

2.繩結末端用鋼絲綁緊避免鬆開，並在尾端用畫筆塗上黑色顏料，這樣看起來會不突兀地隱藏在鞋底。

3.在鞋面適當部位上膠。

4.將繩結兩端先固定，多餘部分在趾間部位中央疊起有層次的圈結，用黏膠在底部固定。

5.將人造珍珠用膠固定在圈結適當部位。

6.同樣方法製作另外一隻鞋子。

緞繩纏繞成圈結的方式

繩子末端用鋼絲綁緊

人造珍珠

羽毛飄飄莫兒鞋

用飄逸的羽毛來裝飾簡單的莫兒鞋。

先將羽毛黏於飾帶
上，再將飾帶固定在
鞋面

使用材料

● 羽毛 ● 緞帶 ● 一雙莫兒鞋

使用工具

● 工藝剪刀 ● 黏膠

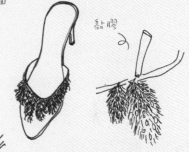

黏膠

黏膠

緞帶塗黏膠的位置

緞帶作不同層次綯褶
的變化

製作步驟

1. 將羽毛份量均分給兩雙鞋用，選用那些長度一致、形狀完整的。把絨毛整理好，一字排開，固定在飾帶上，這樣羽毛不會太長。

2. 決定好羽毛擺設位置，注意將最長的放中間，朝鞋面兩邊黏去；視需要隨時增添羽毛份量。

3. 超出鞋面長度的羽毛用膠黏好，避免造成困擾。

4. 在黏定在飾帶的羽毛上再加一層飾帶，作一些不規則層次綯褶變化，用膠固定。

5. 同樣方法製作另外一隻鞋子。

Tips

你可以在鞋面中央黏長一點的羽毛，這樣等膠
乾透羽毛就會固定了。

緞帶莫兒鞋

在固定緞帶在鞋面之前，先統一條紋緞帶的走向；要將兩隻鞋的對稱問題都考慮到，避免發生方向衝突的情況。

使用工具 ● 手工藝專用刀 ● 手工藝專用剪

使用材料

● 一雙莫兒鞋 ● 雙面膠帶 ● 強力膠

● 可以覆蓋整個鞋面的條紋緞帶約3-4碼（2.74公尺~3.66公尺）

製作步驟

1. 在鞋面黏上雙面膠帶：沿著腳趾部份比需要的膠帶量，要乘以二供兩隻鞋用，剪下膠帶備用。

2. 將另外一面黏貼帶的白色底紙撕去，開始拼貼上緞帶－留意每條緞帶的邊緣都是連接的自然美觀。

3. 膠帶必須黏的緊密平滑，讓多餘的緞帶順著鞋的結構折到鞋底；用工藝用刀把緞帶割下，在鞋面和鞋底交接出擠一點強力膠，把緞帶邊用膠固定好。

4. 重疊在鞋面的條紋緞帶部份，注意修剪交接的地方，多餘的布料最多留半吋，其餘剪掉。將半吋拉緊用膠黏在鞋內。

5. 再剪兩條等長緞帶，用來黏鞋內部份。注意緞帶向內的那端要剪個斜角，以便在鞋床終止處貼的正好。使用雙面膠來完成黏貼動作，剛才鞋面緞帶折進來，黏在鞋內的痕跡都要遮蓋住。

6. 如果必要的話，噴上一層防潑水劑－避免沾污。

蝴蝶與花高跟鞋

在鞋跟鞋面隨手一畫，腳下就是一座生意盎然的小花園。

使用工具

● ³/₄吋畫筆　● 細字棕色油性奇異筆

● 棉球　● 筆刷　● 鉛筆

使用材料

● 一雙皮質莫兒鞋　● 壓克力顏料　● 酒精　● 塑膠顏料底漆　● 塑膠顏料密封劑

製作步驟

1. 將鞋面要繪畫的部份，用棉球沾酒精事先擦過。

2. 用³/₄吋畫筆在鞋面塗上兩層底漆，每次間隔十五分鐘待乾。將筆刷洗乾淨，等三十分鐘到一小時才用同一支筆上漆。

3. 拿鉛筆在鞋面和鞋根上擬草圖，再著色上去。

4. 使用細字棕色油性奇異筆勾勒出輪廓。

5. 當顏料乾透後，用³/₄吋畫筆沾塑膠顏料密封劑塗上兩層：每次間隔四十五分鐘待乾。

Tips

通常要上個兩到三次漆，才能得到色彩飽和的滿意效果。

花瓣繪製的方法

用細筆作花瓣紋
理描繪

緹花織紋高跟鞋

不花大錢，就能得到這一雙，包裹著著華感的新鞋。

製作步驟

1. 用碎棉布包住鞋子，量出鞋子尺寸和輪廓；鉛筆在棉布上勾勒出圖形和線條。

2. 照線條剪下棉布，並且放在鞋面上試大小位置。

3. 使用棉布做出紙型，按此紙型剪下緹花織布所需份量。

4. 剪下一吋寬的雙面膠帶，將之量自腳趾頭部位到整個鞋面的長度；把雙面膠對折從中間點開始黏上。剪下半吋寬的雙面膠帶，從鞋底黏起橫向腳背部份。

5. 把雙面膠的白底紙撕去，把織布拉齊緊密的貼上去。修剪並修飾多餘的布料。

6. 腳跟一樣以緹花織布包起，使用雙面膠布把布面黏緊、布邊固定好。

7. 使用寶石膠，將 $\frac{1}{8}$ 吋寬的羅紋緞帶沿著鞋邊固定－注意黏的整齊美觀。

8. 剪下 $\frac{1}{4}$ 吋寬的雙面膠帶，貼在鞋面入腳處；將帶有波浪花邊的飾帶沿線貼牢。留意飾帶發毛邊緣要貼好。

9. 在有波浪花邊的飾帶下面，用寶石膠平行地再貼一段螺旋形花邊飾帶。

● 有螺旋形花邊飾帶一碼 ● 緹花織布 ● 零碎棉布 ● 雙面膠

● 寶石專用膠 ● ⅛吋寬的羅紋緞帶或其他種類織帶一碼半

● 有波浪花邊的飾帶一碼

幾何點點後空便鞋

這雙鞋面上的圈圈點點，藉畫筆頭和鉛筆橡皮擦輕
而易舉就可以做到。

使用材料

- 塑膠顏料密封劑 ● 丙酮 ● 塑膠顏料底漆
- 壓克力顏料－深棕色、象牙色、沙石灰等色
- 一雙皮質平底鞋

使用工具

- ³/₄吋畫筆 ● 眼線或細字筆刷 ● 棉球
- 新削尖的附橡皮擦鉛筆

圓點大小及位置可以創
造許多變化合

製作步驟

1. 將鞋面要繪畫的部份，用棉球沾丙酮事先擦過。

2. 用³/₄吋畫筆在鞋面塗上兩層塑膠顏料底漆，每次間歇十五分鐘待乾。將筆刷
   洗乾淨，等三十分鐘到一小時才用同一支筆上漆。

3. 拿鉛筆頭橡皮擦沾象牙色白漆，在鞋面點下一個個清楚的大點狀圖案。將象
   牙白漆去掉，沾上沙石灰繼續點壓。待漆乾透。

4. 用³/₄吋筆頭，在大沙石灰點點裡印下小象牙白點，另印一些小象牙白點；在
   大白點點裡印下小點，另外印一些小沙石灰點。使畫面均衡對稱。

5. 使用眼線或細字筆刷頭，沾上深棕色塗料：在大沙石灰點點裡印下深棕色小
   點，另外單獨印一些深棕色圓點。待漆乾透。

6. 兩隻鞋子都作好之後，用³/₄吋畫筆沾塑膠顏料密封劑塗上兩層：每次間歇四
   十五分鐘待乾。

Christian Teubner

LEATHER UPPER

93

單元五　派對與婚禮

晚宴鞋款要求多一點愛現和炫耀的氣質：所以閃亮的珠飾品、戲劇性的絲綢和天鵝絨、金銀銅原色、爭豔的花朵等裝飾品都是不可少的。將鞋跟和鞋帶裝飾耀眼，你的雙腳會不自覺的婆娑起舞。無論你是新娘或是伴娘，想要找到一雙合適的鞋出席婚禮，都是件傷腦筋的事。所以何不自己動手作？只要花點巧思裝飾，就有一雙別出心裁的婚宴鞋。

威尼斯面具狂歡鞋

這個款式簡單大方，容易製作－因為只有改造腳趾部位而已。

鞋面繪製方格

強力膠

將珠飾、亮片黏貼於方格中

製作步驟

1. 用棉球沾酒精清理皮質鞋面。

2. 在鞋面塗上一層黑色壓克力顏料，等十五分鐘待乾。

3. 使用書後附錄167頁的圖例，在鞋面和鞋根上擬草圖。

4. 在紫色鞋面用黑色塗料畫上方格圖案，待乾。

5. 在黑色鞋面塗上強力膠，把星形的珠飾與亮片，黏在不同方格上。

6. 清除鞋面多餘的亮片，噴上油性絕緣劑。

7. 在腳跟部位接近鞋跟處，任意一邊的縫線處剪兩個半吋左右的長度缺口，將天鵝絨布材質的緞帶穿過，兩邊拉成一樣長度，並在穿處縫合固定。這兩條等長的緞帶是用來綁在腳踝上的。

8. 後跟的緞帶花做法，用一條18吋長的鋼絲頭綁在緞帶中央，用帶子將鋼絲一層層包起來，用被撐起的緞帶作成花束。在緞帶尾端留下一點長度的鋼絲，彎起來做收尾。

9. 把收尾的鋼絲用線縫在絨布緞帶後面。

10. 在鞋面腳趾頭部分剪一個垂直缺口，用鋼絲紮一個飾有假花蕊珠針的小花束；並且用針線縫在缺口固定。

11. 用強力膠把花黏緊，待乾。再黏好腳趾部位的花星型亮片黏在鞋跟或其他地方。

12. 同樣方法製作另外一隻鞋子。

性感繡花高跟鞋

手工藝品店買的到的玻璃纖維珠珠飾物，讓這雙包裹在高跟鞋裡的美腿更加誘人。

使用材料

● 一雙漆皮高跟鞋　● 有浮雕效果的刺繡布料

● 珠寶飾物如耳環、胸針或髮夾　● 料密封漆

● 水鑽　● 緞帶　● 塑膠　● 絲綢花　● 酒精

● 玻璃纖維珠

製作步驟

1. 先將鞋面，用棉球沾酒精擦過。三十分鐘到一小時待乾。

2. 等待期間，先用鉛筆將書後附錄168頁花紋，在鞋面上畫出來。

3. 把強力膠擠在整個渦形花樣上。將鞋拿到容器上方、將玻璃纖維珠倒上去，直到塗膠處都被珠粒覆蓋。待乾，以同樣作法製作另外一隻鞋子。

4. 以同樣作法在整個鞋跟上膠並倒上珠粒，待乾。

5. 在腳跟部位接近鞋跟處，任意一邊的縫線處剪兩個半吋左右的長度缺口，將亮面緞布材質的織帶穿過，兩邊拉成一樣長度，並在穿處縫合固定。這兩條等長的緞帶是用來綁在腳踝上的。

6. 將搭配飾品夾在鞋面的腳趾處。

7. 將刺繡布料的花樣剪下，黏在後鞋跟的位置。

8. 把絲綢花也黏上去。

9. 將水鑽黏在隨性的位置，任膠乾透。

10. 以同樣作法製作另外一隻鞋子。

11. 兩隻鞋完成後，用畫筆塗上兩層塑膠顏料密封漆，間隔四十五分鐘待乾。

於縫線兩邊各剪開半吋缺口，將織帶穿過

使用工具　● ³/₄吋畫筆　● 美工刀　● 棉球
　　　　　　● 鉛筆　● 一個大的平口碗或是淺盤

閃耀馬賽克鞋

使用馬賽克鑲嵌圖形，讓這雙平凡的外出鞋散發出迷人光采。

使用材料

● 一雙黑色布面高跟鞋　● 12吋鋁箔　● 亮光漆

● 紙用透明噴漆　● 噴膠　● 工業用黏膠

● 黑色厚紙板

使用工具　　● 剪刀

製作步驟

1. 使用噴膠將鋁箔的非光滑面和黑色紙板黏在一起。這能讓鋁箔變厚實、易於剪裁和加工。

2. 將鋁箔紙版剪成方塊狀。

3. 將這些小方塊水平或垂直的黏在鞋面上，在上膠前要確認方塊邊緣的平整。紙片一般都很容易捲起來，上膠後容易移動；注意黏膠的份量，將方塊固定整齊。

4. 當黏膠乾透後，整隻鞋噴上厚厚一層紙用專用透明噴漆固定，待乾。

5. 再噴上兩層亮光漆，待乾。

6. 同樣方法製作另外一隻鞋子。

鋁（錫）箔紙
光滑面

噴過膠的黑色
厚紙板紙

使用噴膠的方式，依下面圖示方向約來回約2-3次

Tips

這個款式適用於布面的高跟鞋，尤其是黑色，在顏色和布質上，是鋁箔極佳的對比底色。再說布料的織的特性在吸收膠水、固定紙塊上，得以充份發揮。皮料的鞋子就不太適合了。

中國風印花鞋

使用熱轉印花樣是改造鞋款最棒的方法，只是要檢視花樣尺寸大小可以印在鞋子上

使用工具

● 小型工藝用熨斗

使用材料

● 熱轉印花樣 ● 一雙布面高跟鞋

製作步驟

1. 先在鞋面上決定花樣轉印的位置。

2. 按照熱轉印花樣的步驟，小心用熨斗把花樣熨燙上去。

3. 製作時請注意鞋子相對稱的位置。

4. 用同樣的方式製作另一隻鞋子。

Tips

使用牡丹花葉或者梅花等，具有濃厚中國風味的印花圖樣，最為適合。

璀璨亮片高跟鞋

這款設計的飾物，來自鋼絲纏成的藝品。在市面上不容易找到類似的，所以在手工藝品店甚至大賣場，看到有趣的鋼絲製裝飾小物都可以試試看。

使用工具

● 別針　● 老虎鉗　● 熱熔槍和膠條

使用材料

● 粗鋼絲纏成的裝飾品兩個
● 一雙綴有亮片的後空涼鞋

製作步驟

1. 將鋼絲飾物在鞋面上擺出漂亮的型態，並確定位置。
2. 用熱熔膠固定住鋼絲飾物。
3. 並以別針將鋼絲飾物別緊，直到熱熔膠乾透。
4. 同樣方法製作另外一隻鞋子。

Tips

如果無法找到綴有亮片的後空涼鞋，也可以自行製作一雙。購買顏色與鞋子相襯的亮片，以黏著劑一片一片由下往上疊貼於鞋面上，黏貼時注意亮片位置的層次感。

寶石芭蕾舞鞋

倘若妳曾夢想擁有一雙綴滿晶亮寶石的芭蕾舞鞋，這是
為妳設計的。

使用材料

● 一雙黑色芭蕾舞鞋 ● 各式各樣顏色形狀的水鑽和亮片 ● 小銀圓環

● 亮面黑織帶兩碼剪成四段等長備用

使用工具 ● 熱熔槍和膠條

製作步驟

1. 將小銀環縫在兩段織帶裡，將黑織帶對折穿成環狀，頂點黏在鞋背的兩
   邊；黑織帶頭穿過舞鞋原本穿鞋帶的鬆緊圈裡。

2. 在鞋背的邊緣隨性的用膠，將各式各樣顏色形狀的水鑽和亮片黏住。將
   多餘的膠或膠線清除乾淨。

3. 同樣方法製作另外一隻鞋子。

107

星星條紋鞋

我們使用紅色加白色車線邊的緞帶,這樣的紅色映襯
黑、白、銀,帶來熟練世故的氣質。

使用工具 ● 工藝用剪刀 ● 工業用黏著劑 ● 鉛筆 ● 老虎鉗

使用材料

● 半吋寬的紅色緞帶加白色車邊約三十吋長

● 半吋寬銀色織紋星星扣子十六個 ● 一雙帶千鳥格花紋的布面高跟鞋

製作步驟

1. 先決定緞帶的位置。留意兩隻鞋子的緞帶必須貼的平行,並且對稱。拿
   緞帶在鞋面上比,決定需要的長度。並剪好兩隻鞋子需要的份量。

2. 在緞帶上膠,每邊預留半吋後黏在預定的位置;注意黏到鞋底時,要多
   半吋。

3. 把多餘的半吋折起並剪下,在鞋底跟鞋面的接
   縫上膠,同時把緞帶的布邊壓緊固定住。

4. 使用老虎鉗把每個星型鈕釦的背後剪平:盡可
   能剪到沒有痕跡。將鈕釦放在緞帶上比對位
   置,視需要做出記號。

5. 使用黏著劑來把釦子黏好,特別注意不要有溢
   膠的情形。待膠乾透。把星星一字排開,方向
   一致;或是隨性的貼上,創作出來的味道完全
   不一樣。

6. 在鞋跟上方左右各黏一個星型扣子。

「眼光專注在天上的繁星，和踏地的雙腳。」

——泰鐸・羅斯福（Theodore Roosevelt）

蕾絲花高跟鞋與花襪

要製作浪漫的絲綢花絲襪，先將絲綢花剪下，一小簇地縫在花形蕾絲緞帶上，再將蕾絲緞帶用布料專用膠黏在絲襪上。在黏貼的過程中，在襪裡穿進一個罐頭，方便作業同時也避免絲襪雙面沾黏。使用珍珠光的顏料來畫上襪子的點點。

使用工具

● 布剪　● 寶石黏著劑　● 縫針和象牙色的縫線　● 鋸齒剪刀

製作步驟

1. 在其中一雙鞋的上半部，用酒紅色蕾絲尖形領片裝飾；按尺寸擺上，並用針線縫緊固定。

2. 在其中一雙鞋的任一邊，披上亞麻色和蜜桃色的絲綢緞帶，來決定長度和位置。將雙面膠剪成窄條，藉以將緞帶黏上去。

3. 在蕾絲尖形領片盡頭，使用酒紅蕾絲飾邊來作結束。將雙面膠剪成窄條，藉以將緞帶黏上去。

4. 在1/4吋寬亞麻色的絲綢緞帶上打個蝴蝶結，用黏膠或是雙面膠在結中央固定在鞋面，剩下部份緞帶任其垂掛。

5. 用鋸齒剪刀將淺綠色或紫羅蘭色絨布材質的葉片，剪出十八小片來。

6. 使用這些葉片來好好裝飾緞帶或花邊蕾絲，在你想固定的地方用膠或縫線。

7. 將酒紅蕾絲飾邊的花卉主題剪下，在鞋面上用針或雙面膠、寶石黏著劑等，把這些花卉主題的圖案、人造花束兩簇和綴珠小布飾等，通通固定在鞋面上。

8. 以同樣作法製作另外一隻鞋子。

使用材料

¼吋寬亞麻色的絲綢緞帶一碼

絨布材質的葉片（淺藍色六片 淺綠色或紫羅蘭色四片）

½吋寬酒紅蕾絲飾邊半碼

¾吋到一吋寬花朵等主題的綴珠小布飾

1吋寬蜜桃色的絲綢緞帶⅓碼

花卉主題的酒紅蕾絲飾邊⅜碼

酒紅色蕾絲尖形小領片　● 雙面膠帶

酒紅色人造花束兩簇

一雙布面高跟鞋

III

我不知道是誰發明高跟鞋，不過女人都欠他不少！

－瑪麗蓮・夢露（Marilyn Monroe）

華麗風新娘鞋

穿上這雙鞋，就會是最美麗的新娘。

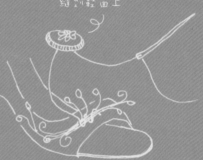

將飾帶及大釦子
縫到鞋面上

使用工具 ● 剪刀 ● 縫針

使用材料

● 一雙象牙色高跟鞋

● 裝飾過的大扣子二個

● 裝飾用鋼絲飾帶

● 象牙色縫線

● 強力膠

製作步驟

1.拿裝飾用的鋼絲材質飾帶在鞋面上比，決定需要的長度。一次剪好兩隻鞋子需要的份量，注意預留多餘縫份。

2.將針穿線，自鞋內開始將針穿出腳趾部位，在鋼絲飾扣的邊緣將這個飾扣縫緊固定在鞋面上。趁針還在鞋內時，間隔一吋再以此法將飾扣縫的更緊些。重複這整個過程，直到這個扣子和鋼絲飾帶已經縫緊在鞋子上了。以同樣作法製作另外一隻鞋子。

3.使用強力膠，塗在鞋子內外的縫線上作補強動作：兩隻鞋都是。

4.鞋面上主要的裝飾用的大扣子兩個，在背後縫線上一樣上膠再次固定。

一隻鞋就可改變你的人生。—灰姑娘。

陶瓷薔薇鞋

用個簡單辦法，幫平凡的舊鞋加分，成為一雙溫婉秀氣的鞋款。

使用工具　● 工業用黏著劑　● 強力膠

使用材料

● 一雙象牙色高跟鞋　● 紙黏土玫瑰花朵和枝葉

● 裝飾用鋼絲珍珠　● 珍珠色手工藝顏料

運用珠飾及葉片來點綴

製作步驟

1. 先決定紙黏土玫瑰花朵和枝葉在鞋面的位置，再使用黏著劑將飾物固定在兩隻鞋子，待膠乾透。

2. 在玫瑰花下再擠一點強力膠，作進一步固定。藉葉片和珠飾做更多裝飾，讓主題更加豐富。

Tips

除了現成的紙黏土玫瑰花朵及枝葉裝飾外，你也可以自己製作，記得完成後的紙黏土需薄塗亮光漆以保護表面。

純白絲緞玫瑰鞋

典雅與濃濃的女人味，純白玫瑰絕對是新娘鞋最
合適的裝飾。

使用工具

● 尖嘴鉗 ● 工藝用剪刀 ● 粗縫衣針 ● 頂針 ● 老虎鉗

使用材料

● 一雙白色高跟鞋 ● 加了珠飾的人造花八束 ● 珍珠色或水晶小花枝

● 小朵緞布玫瑰 ● 透明黏膠或三秒膠

製作步驟

1. 把珍珠色或水晶小花枝三枝，還有加了珠飾的人造花束，在鞋面上縫
   緊。

2. 將鋼絲的末端收起，還有注意不要讓露出的鋼絲割傷腳。

3. 用老虎鉗把小朵緞布玫瑰，自枝幹上剪下。

4. 以透明點膠或三秒膠將緞布玫瑰黏在鞋面上，並把縫線遮住。

5. 有必要的話可以將玫瑰花層層堆疊起來，製造豐富層次感，一樣用黏著
   劑來黏牢。

6. 以同樣作法製作另外一隻鞋子。

『鞋子才是女人的最好朋友。』──無名氏（Anonymous）

珍珠花朵婚禮鞋

刺繡珠花的主題與人造珍珠，創造了華麗雅緻的婚禮氛圍。

使用材料

● 繡有花卉主題的布料或飾邊 ● 小顆粒人造珍珠

● 縫有小粒珍珠的飾帶 ● 雙象牙色後空跟鞋

使用工具

● 工業用黏著劑

● 強力膠 ● 布剪

製作步驟

1. 將繡花布料放在鞋面上，決定需要的份量和尺寸。將兩隻鞋用的花卉主題剪下，並決定固定位置。

2. 使用強力膠將花朵黏附在選定部位，兩隻鞋都處理好後，待膠乾透。

3. 用工業用黏著劑將小顆粒人造珍珠黏在花朵上，使鞋面更充實。

4. 在鞋帶頂端沿線黏上工業用黏著劑，把縫有小粒珍珠的飾帶細心固定好，再多擠一點強力膠，作進一步固定。

5. 待膠乾透，同樣方法製作另外一隻鞋子。

注意事項

工業用黏著劑質地黏稠，珠粒不會任意移動。你將有充裕的時間將珠飾一一黏好。

彩色緞帶鞋

這樣平實淡雅的彩帶鞋款，可愛又舒適，讓新娘或伴娘
疲累的雙腳，能夠小小休息一下。

使用工具

● 布剪 ● 縫線和針

使用材料

● 一雙平底鞋 ● 工業用黏著劑
● 平織緞帶兩碼

緞帶的製作方法

製作步驟

1. 緞帶對折剪等長，直接寬鬆地縫在一
   起；將線拉緊同時把緞帶的皺摺拉出
   來，在鞋面部位，將多餘的緞帶轉動
   疊起成花朵狀，直到花朵結的尺寸令
   人滿意，把布邊縫在下面藏起來。同
   樣方法製作另外一隻鞋子。

2. 將腳趾部份的花結縫緊，並將緞帶黏
   在鞋邊上。將緞帶的兩頭縫在鞋面的
   花朵下面。同樣方法製作另外一隻鞋
   子。

單元六 耍帥長靴

很難不去注意一雙好靴，特別是像這邊介紹的一雙雙狂放不羈，
又效果誇張的款式：大方穿上秀出妳的創意和別出心裁。

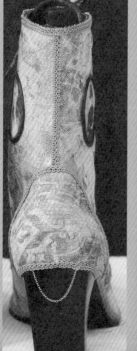

● 一雙有跟的靴子　● 半碼碎布　● 紡織品防水膠　● 裝飾用帶子五碼

● 舊人像照片　● 30吋長仿金細鍊子　● 金屬色壓克力顏料　● 永久性布膠

● 細條鬆緊帶12吋長

使用工具

● 電腦、列表紙、列表機和掃瞄器　● 老虎鉗　● 工藝用剪刀　● 布剪

復古氣質靴

貼上舊照片，每當你穿上這雙靴子，宛如回到過去的講究氣質與淑女舉止時代。

製作步驟

1. 在鞋面上事先排定影像呈現出的感覺，你可以暫時性地用膠帶將布貼在鞋面上，以便做出決定。請避開細條鞋帶孔部份，因為那邊處理難度較高。注意將布片直接貼在金鍊子上，順便做固定動作。

2. 如果使用30吋長仿金細鍊子，拿鋼絲切斷器或剪刀裁成兩段5 吋長和兩段10吋長。在鞋跟部份垂掛5吋長仿金細鍊子，間隔約兩吋，膠黏鍊長約一吋以固定。讓細鍊子在後鞋跟晃動，同樣方法製作另外一隻鞋子。

3. 沾上紡織品專用膠，一次一部份的將布片黏上鞋面。

4. 取一段10吋長仿金細鍊子黏在靴口，鍊子中央直接黏在鞋背後中。讓兩段鍊子垂掛在兩邊。同樣方法製作另外一隻鞋子。

5. 自鞋背後中開始固定裝飾用織帶，要留意三個黏金鍊子的點都被蓋住。織帶要沿著布片交接處貼牢。

6. 利用影印機或掃瞄器印下家族的舊照片，或自電腦直接列印在紙上。你也可以自創熱轉印圖案，見書前設計技巧的介紹。將照片剪成想要的形狀和大小尺寸。使用紡織品專用膠將照片黏上鞋面。

7. 沿著照片黏上一圈細織帶，做為相框之用。

8. 如果喜歡的話可以將細鞋帶上壓克力顏料，配合整體設計。只要大拇指跟食指沾上顏料，很快地將鞋帶滑過指間，鞋帶就會染上一層不同的顏色。

9. 為了保護靴子不遭污染，噴上一層紡織品防水膠。

粉紅豹紋靴

勁爆的靴子和帽子搭配，設計師的靈感來自個性派女
孩的閃亮靈動眼睫毛。

使用工具 ● 縫衣針和的縫線

使用材料

● 一雙有動物印花的布料靴子 ● 毛茸茸的裝飾品

製作步驟

1. 在靴子口粗針縫上毛茸茸的毛毛飾帶，如果靴子本身有拉鏈的話：自拉鏈頭縫一圈回到原起點。
2. 注意把飾帶兩頭需縫緊在靴子邊緣，且避免開花。

Tips

你也可以多準備一些毛毛飾帶，來裝飾其他配件，如：帽子、包包、手機吊飾、胸針等，製作成一組帥氣又獨特的裝扮設計。

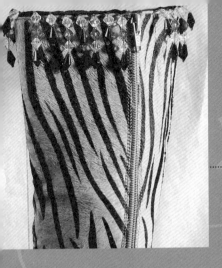

叢林獸皮靴

在踏進都市叢林前,確認你已經裝備齊全並且著裝完成,這雙加上晃動珠串的獸皮靴令人目眩神馳。

使用工具

● 工業用黏著劑　● 縫衣針和搭配的縫線　● 剪刀

使用材料

● 一雙有動物印花布料的靴子　● 有珠珠串鬚的飾帶

製作步驟

1. 拿飾帶在靴口圍上比,大致決定好需求長度後,剪好兩隻鞋子需要的份量。

2. 自鞋內向外將帶珠串鬚的飾帶縫緊在靴口外,這樣串珠會在靴外晃動。

3. 在珠串邊緣塗上黏著劑,避免掉落。

4. 同樣方法製作另外一隻鞋子。

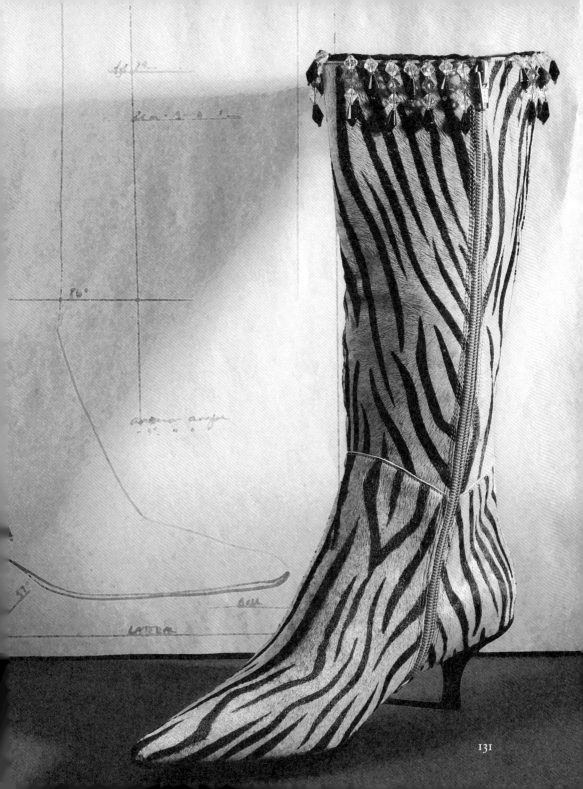

俏皮針織靴

正在找尋一雙帶針織伸縮鞋口的靴款嗎？你可以輕鬆的將串珠飾帶直接縫上去－還可以反折鞋口來遮住車縫痕跡喔！

使用工具

● 布剪 ● 搭配的縫衣針和線

使用材料

● 一雙針織伸縮鞋口的靴子 ● 串珠飾帶

製作步驟

1. 自針織材質的靴面穿出針線，把串珠飾帶直接縫上去；縫法要注意配合針織布的紋理調整針距。
2. 縫好，將靴口反折下來，同樣方法製作另外一隻鞋子。
3. 剪下一段串珠飾帶，長度足夠將帽沿環繞一圈。注意串珠的長度和密度，能讓帽子有邊走、串珠邊搖晃的感覺，將之縫上帽沿固定。

Tips

自行製作串珠飾帶的方法，測量靴子所需飾帶長度，準備2條符合長度的飾帶。挑選小型串珠製作成約10公分以上串珠，將一條條串珠約每間隔0.8-1公分縫在飾帶上。（請補正確文字）

貴族晶鑽靴

和鞋身搭配的亮面緞帶，為靴子增色之餘
也可以作一頂新帽來搭配。

使用工具 ● 布剪 ● 捲尺 ● 雙面膠帶

使用材料

● 一雙黑色亮面皮靴 ● 2吋寬亮面緞帶 ● 銀色水鑽飾扣

製作步驟

1.使用捲尺測量靴子腳踝的直徑，外加3吋後剪下等長的亮面緞帶。並剪下
　兩隻靴子用量的長度。

2.將緞帶穿過銀色水鑽飾扣，將有一吋多餘的緞帶超出水鑽飾扣環。將多
　餘的部份用扣環收好，並且用雙面膠把緞帶背面貼上一圈備用。

3.將緞帶套進靴子，將雙面膠背帶撕掉，水鑽飾扣朝外黏好。將水鑽扣內
　重疊部份的緞帶也黏好固定住。

4. 同樣方法製作另外一隻鞋子。

普普風圓扣雨鞋

『當日子總是下雨，踩濺過水漥找樂子吧！』穿著這樣一雙靴子，踩濺過水漥樂趣多更多！

使用工具 ● 布剪 ● 工業黏著劑 ● 熨斗 ● 粗針 ● 捲尺

製作步驟

1. 測量鞋口內徑長度，預留一吋後，自黑白條紋的棉布剪下兩隻鞋子的用量，寬度是五吋。

2. 使用熨斗將布燙平整，在長寬部份各反摺一吋到反面；將布套進靴子裡面，留半吋反摺超出靴口。在布繞成圈狀重疊處，使用膠黏固定；為了布背和靴子黏的緊密服貼，在布背平行近距離上數條膠。讓膠乾透，用同樣方法製作另外一隻鞋子。

3. 在高統靴子中央高度黏上三條不同色的齒狀織帶。

4. 在靴口部份，藉粗針將織帶硬縫在黑白條紋布內。

5. 將各式各樣的扣子黏在靴口，用不同高度將靴口覆蓋住。

6. 至於高統靴子中央高度的織帶，隨意黏上數量不等的彩色扣子。

Tips

你可以量一下距離，讓三條織帶在兩隻靴子的位置一致；甚至於乾脆自由隨性的黏在不同高度。

使用材料

- 一雙橡膠雨靴
- 串珠線或隱形線
- 不同尺寸和顏色的扣子
- 各種顏色的齒狀織帶
- 黑白條紋的棉布

單元七 BABY鞋

除了寶寶本身，世上沒有比寶寶的小鞋子
更加可愛的玩意了！無論是自己從頭設計
裁製，或是在現成的鞋子加點裝飾，結果
都能讓小腳丫的天地更為有趣。

開朗寶寶學步鞋

開心的幫寶寶設計各式鞋款，可選擇花樣繽紛的各種舒服軟布。

使用工具

● 布剪　● 熨斗和燙馬　● 打版用粉土

● 縫衣針和搭配的縫線　● 縫紉機　● 珠針

使用材料

● 1/4吋厚8吋寬的方形泡棉　● 3/8的鬆緊帶約12吋長　● 8x16吋針織刷毛布

● 一吋寬的皺摺羅紋緞帶約12吋長　● 6x15吋長毛絨布　● 8x16吋印花布料

● 8吋平方的天鵝絨布料　● 8x16吋亮色條紋布　● 8吋平方的假班馬毛皮布

● 粉紅色和綠色的花形飾物

製作步驟

1. 用書後附錄166頁學步鞋的紙版，在天鵝絨布料上和假班馬毛皮布打草圖：一次剪下兩片供兩隻鞋使用。

2. 在方形泡棉上按鞋底部位畫出形狀草圖，預留1/4吋縫線部分後，一次剪下兩片備用。

3. 在亮色條紋布上和印花布料，按腳趾部位畫出形狀草圖，一次剪下兩片備用。

4. 在針織刷毛布上按鞋底部位畫出形狀草圖，預留1/4吋縫份後，一次剪下兩片備用。

5. 在長毛絨布上按腳跟部位畫出形狀草圖，一次剪下兩片備用。

6. 藉熨斗黏合針織刷毛布的腳趾部位裁片，和亮色條紋反面的腳趾部位裁片；將後者正面和印花布正面相對，用1/4吋預留縫份來縫合這兩片。在不平的彎曲線

處用珠針別起固定，縫好翻過來，用熨斗把車縫線壓平：在車縫處加一道壓
線飾縫。

7. 在外部的彎曲處用縫紉機的碎褶車法先粗針縫合起來。

8. 把鬆緊帶剪成兩段六吋等長；將一段別在腳跟部份紙版上的記號處之下。縫
紉機將鬆緊帶中央做鋸齒狀包邊車縫固定。

9. 將腳趾和鞋跟部份正面相對，沿著腳趾邊緣和腳跟的彎度用珠針固定。

10. 用縫紉機先將腳跟外部的彎曲處先用疏針縫合。

11. 在腳趾部分裁片用皺縮式細褶先車縫過，將腳跟和腳趾的裁片內裡別在腳底
正面，調整腳趾的摺起處和鞋底的方點密合，用$\frac{1}{4}$吋預留縫份來縫合這兩
片，將開口對在紙版上後中的圓點。

12. 縫好將內裡翻過來正面，將鞋底的表布和裡布正面相對別起固定。用$\frac{1}{4}$吋預
留縫份來縫合這兩片，將開口對在紙版上後中的圓點。

13. 在第一條縫線上壓一條$\frac{1}{16}$吋縫份的車線。近第二道車線上將線頭修剪齊－透
過後中開口將正面翻出來。

14. 在鞋底內裡和表布之間，塞進裁好鞋形的泡棉做為鞋底墊。

15. 把鞋底表布和鞋跟處在接縫處別起固定，正面相對用縫份$\frac{1}{4}$吋來縫合這兩
片。在第一條縫線上壓一條$\frac{1}{8}$吋縫份的車線，回針後將線頭修齊。

16. 在鞋面的腳趾部位，先在鞋口自內縫上
一圈皺摺羅紋緞帶；再置中徒手縫上皺
摺的小花飾物。

注意事項

1. 紙版上的腳跟折線會和腳趾邊緣縫線上方
部分成一列。

2. 將腳跟部份折下來，和腳趾邊緣縫線別在
一起。用$\frac{1}{4}$吋預留縫份來縫合這兩片。縫
好翻過來正面，用熨斗把車縫線壓平。

穿上拖鞋要比評論全世界容易多了。

—艾爾·法蘭肯（Al Franken 美國政論專家兼演員）

經典印花童鞋

親手縫製這雙寶寶鞋，將是成長過程中寶寶與媽咪
最難忘的記憶。

使用工具　● 布剪　● 熨斗和燙馬　● 縫紉機　● 捲尺

使用材料

● ¹/₂吋寬的鈕扣兩個　● 1³/₈x 9¹/₄吋 對比顏色印花棉布裁成滾邊　● 3號繡線

● 5吋平方大小的絨線內裡布　● 9x12吋經典傳統印花布　● 亮面緞繩一碼

● 4釐米寬的絲綢緞帶³/₄碼長　● 棉質印花布¹/₄碼長　● 奶油色縫衣線

製作步驟

1. 使用167頁經典印花童鞋的紙版，在內裡布和傳統印花布上擬鞋底部位草圖：
   一次畫好向左和向右兩隻腳的份量。剪下備用。

2. 在對比色印花布和傳統印花布上擬鞋面部位草圖：一次畫好向左和向右兩隻腳
   的份量。剪下備用。

3. 將對比色印花布剪下四條1³/₈x12¹/₂吋大小滾邊，兩條縫在一起供一隻鞋的入
   腳處使用，布條對折約成半長，反面相對用熨斗燙過。注意加工過程中的滾邊
   布條毛邊要當布邊處理。

4. 將在內裡布的內邊和傳統印花布鞋底部位的裁片裡布相對，並且印花布鞋底的
   表布和滾邊布條的毛邊貼緊，用預留縫份¹/₈吋來縫合。開始和結束都自鞋底的
   後中央起，在這邊將滾條的車邊縫
   上，將多餘¹/₄吋的縫份車線修剪整
   齊。將縫份向布條滾邊壓去，將布邊
   在鞋底印花布之上包住縫份。將滾條

含縫份車起固定，用同樣方法做另外一隻鞋子。

5. 將傳統印花布鞋面部位的裡布正面相對折半，用1/8吋預留縫份來縫合背後。用同樣方法進行另外的傳統印花布鞋面布料，和備用的兩片對比顏色印花棉布。

6. 將傳統印花布鞋底部位，和對比顏色印花棉布的鞋面反面相對別起來：傳統印花布面朝上，下面的布邊和滾條如步驟4包起處理。用同樣方法進行另外的傳統印花布鞋面布料，和和對比顏色印花棉布的鞋面。

7. 把對比色印花布條對折約成半長，兩端相對：用1/4吋預留縫份來縫合。將縫份內摺熨平，剩下的滾條照此處理。

8. 鞋幫的部分在紙版的記號做碎摺縫，拉扯車線使之平均每摺有2¾吋寬。

9. 傳統印花布面朝上，上面的布邊和滾條如步驟4包起處理。用同樣方法進行剩下的鞋幫部分。

10. 將鞋面滾邊的邊緣和鞋幫的滾邊正面相對，縫合固定。以此類推剩下的鞋底和鞋幫裁片。

11. 將4釐米寬的絲綢緞帶對折剪半，一段穿過刺繡針：自鞋幫前中開始徒手縫上，在在滾條的車線之下。在鞋幫上方略為拉緊縫線，讓鞋子入口尺寸為七吋半。將緞帶尾端打結，穿入一個鈕扣後打結固定避免掉落。

12. 亮面緞繩對折等長剪斷，將一段縫在鞋子後中邊緣，打個可愛的蝴蝶結。

13. 以同樣方法將剩下的另外一隻鞋子完成。

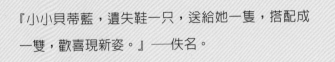

『小小貝蒂藍，遺失鞋一只，送給她一隻，搭配成一雙，歡喜現新姿。』──佚名。

綠色毛絨小靴

小腳套著柔軟的小絨靴，穿起來舒適，看起來可愛。

使用工具

● 鉤針 ● 布剪 ● 熨斗和燙馬 ● 縫紉機 ● 珠針 ● 打版用粉土

使用材料

● $3/8$吋寬的鬆緊帶約12吋長 ● 粉紅色蝴蝶串珠
● 縫衣針和搭配的縫線 ● 薄荷綠的長毛絨布約$1/8$碼

製作步驟

1. 使用書後附錄169頁絨布靴的紙版、放大影印後剪下使用。按紙版在絨布上剪下各個裁片。

2. 用縫紉機在鞋跟部份上做鋸齒狀車縫，然後是鞋底及腳趾的裁片。

3. 把腳踝開口處按紙版說明折下，長毛絨面向外刷毛面向內。在腳跟邊緣向上約$1/4$吋處縫一道，那是預留來套鬆緊帶用的。

4. 長毛絨那面用珠針固定，別出腳跟和腳底的裁片連接處：後中圓點相對、沿著腳跟縫合線的兩個方型點，對到鞋底的方型點。用縫份$1/8$吋的大小來縫合這兩片。

6. 把鬆緊帶剪成兩段六吋等長；將其中一段的兩端穿過腳趾部份紙版的兩條斜線。線端任其垂下。

7. 在長毛絨那面用珠針固定，別出腳趾和腳底的裁片連接處，前中圓點相對、沿腳趾縫合線的兩個叉型點，對到鞋底的叉型點。預留縫份$1/8$吋來縫合這兩片。

8. 用鉤針將鬆緊帶塞進腳踝開口的預留處，兩端用線纏緊固定，巧妙藏在通道裡。

9. 在腳趾部份前中縫上粉紅色蝴蝶串珠，並且將鬆緊帶暴露的部份遮好。

注意事項

腳趾縫合線會和腳跟縫合線部分重疊約$7/8$吋，繼續把整個縫合工作完成。

發泡漆點點球鞋

簡單又好看的童鞋，輕輕鬆鬆就能做好，可以自己創造
多種的不同圖樣與花色。

使用工具　　　● 畫筆

使用材料

● 一雙孩童的帆布球鞋　●　各式各樣的布用顏料

製作步驟

1. 將一雙鞋的鞋帶拆卸掉。

2. 下筆前，先決定好鞋子整體的設計和鞋面上漆的位置，並視需要在紙
   上先畫出練習草稿。

3. 在鞋下墊一張紙，以便在塗顏料途中需要移動鞋子。

4. 在鞋上畫上點點和線條，一次著一色。要留意要為其他顏色預留空間。

Tips

色點一般都很容易重疊，線條也是很容
易在交叉的地方模糊成一片。等下第一
層顏色乾了，在上下一層。堅守這樣的
上色原則，不要心急慢慢將繽紛的色彩
上完，待漆料乾透再繫上鞋帶。

暖暖羊毛繫帶鞋

不管寶寶怎樣頑皮弄髒，只要丟洗衣機動動
小指，就能輕鬆去污。

● 布剪　● 熨斗和燙馬　● 鉤針　● 縫紉機　● 5號刺繡針　● 珠針

● 打版用粉土

使用材料

● ¼吋寬的淺藍色棉質緞帶約一碼長　● 奶油色縫衣線

● 奶油色或淺藍色繡線（不一定）　● 丈青色羊毛布（7 x 7吋）大小

● 可機器洗滌的亞麻色羊毛布（4x 7吋）大小

製作步驟

1. 使用167頁暖暖羊毛繫帶鞋的紙版，在亞麻色羊毛布上擬腳趾部位草圖。一次
   剪下兩片供兩隻鞋使用。

2. 在丈青色羊毛布上擬鞋底部位草圖，一片供左腳一片供右腳；在丈青色羊毛布
   上擬鞋跟部位草圖，一次剪下兩片供兩隻鞋使用。

3. 使用縫衣機在每個裁片上，上下線用奶油色縫衣線繡出專業的扣眼；使用熨斗
   將刺繡包邊的扣眼壓平。

4. 用縫衣針和三股交纏成的淺藍色繡線，在腳趾部位的兩塊裁片記號上繡星星。

5. 反面相對，別出腳跟和向左的腳底裁片連接處：後中圓點相對、沿著腳跟縫合線的方型點，對到鞋底的兩個方型點。

6. 反面相對，藉珠針固定，別出腳趾和向左的腳底裁片連接處：前中圓點相對、沿著腳趾縫合線的，對到鞋底的x記號。

7. 使用縫衣機上下線用奶油色縫衣線，用縫份1/8吋的大小和雙線平車，來縫合腳趾、腳跟和腳底的裁片。

8. 同樣的方法來完成剩下的右邊腳底。

9. 用鉤針將淺藍色緞帶或鞋帶，穿進腳跟和腳趾部位的預留扣眼，兩端紮緊死結固定，再打個整齊可愛的蝴蝶結。同樣方法製作另外一隻鞋子。

注意事項

1. 步驟3的扣眼製作，你也可以徒手縫製，拿三股交纏成的奶油色繡線來縫扣眼。

2. 腳趾縫合線會和腳跟縫合線部分重疊約1/2吋。

3. 如果沒有縫紉機，你也可以徒手縫製。

Tips

可洗滌的羊毛布是設計寶寶小鞋絕佳的材料：因為耐磨、保暖的特性，柔和的顏色，最重要的是可以洗衣機清洗！這樣的布料易於加工，也能維持形狀。在一般的布店都可以買的到。

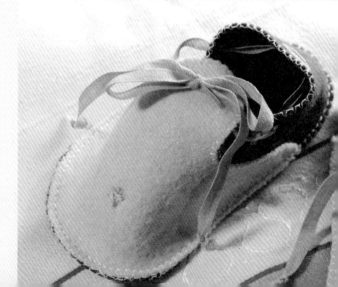

仿麂皮毛絨冬靴

溫暖又柔軟－仿麂皮和長毛絨貼合布冬靴
是寶寶最棒的寒冬穿用鞋款。

使用工具

● 布剪 ● 熨斗和燙馬 ● 縫衣針和搭配的縫線 ● 縫紉機 ● 捲尺

使用材料

● 5/16吋寬的酒紅色平面圓球形鈕釦 ● 3/8吋寬的鬆緊帶約十吋半長度

● 3/8吋寬的萵苣花邊飾帶一碼 ● 3/8吋寬的酒紅色蕾絲飾帶一碼半

● 仿麂皮和長毛絨貼合布1/4碼

製作步驟

1.使用169頁的紙版，在貼合布上畫腳底、鞋舌和上鞋面部位草圖。一次
  剪下兩片供兩隻鞋使用。

2.用縫紉機在所有部份的裁片上做鋸齒狀包邊車縫。

3.把鬆緊帶剪成兩段5 1/4吋等長；在上鞋面裁片有記號處，用縫紉機將鬆
  緊帶做鋸齒狀包邊車縫；注意不時將鬆緊帶延伸以符合裁片長度。

4.在仿麂皮布面上用縫紉機細針鋸齒針縫，將萵苣花邊飾帶縫在鞋舌和上
  鞋面部位有記號處。

5.使用熨斗將飾邊壓平，並且留意熨斗溫度設定，不要傷及貼合布料。

6.在長毛絨那一面進行縫製鞋舌和腳底的裁片，前中圓點相對、沿著鞋舌

縫合線的兩個方型點，對到鞋底的兩個方型點。用縫份1/8吋的大小來縫合這兩片，用同樣的方法來完成剩下的右邊腳底。

7.在長毛絨那一面進行縫製上鞋面和腳底的裁片，後中圓點相對、沿著上鞋面縫合線的兩個叉型點，對到鞋底的兩個叉型點。將上鞋面裁片疊到鞋舌，用針距1/8吋的密度來縫合。

8.把萬苣花邊飾帶剪成四段九吋等長，一次用一條一吋長度做出一個圈結，末端反摺1/4吋。

9.自反摺處縫在上鞋面前邊的鬆緊帶上，在上鞋面前邊另外一個方向也縫上另外一條，用同樣的方法來完成剩下的右邊鞋面，將兩端固定打個蝴蝶結。

10.在上鞋面的紙版記號處也縫上一個圈結，在上鞋面的記號處將酒紅色平面圓球形鈕釦縫上。在上鞋面將扣子扣上，用同樣的方法完成另外一隻靴子。

11.把兩雙靴的高統部份摺下來，形成一個鞋口反摺。

注意事項

上鞋面縫合線會和鞋舌縫合線部分重疊約7/8吋；用同樣的方法來完成剩下的裁片。

Tips

選用鈕扣除了需搭配鞋子顏色之外，可以挑選造型可愛的鈕扣，例如：星形、花朵形狀或心形等。

藝術創意鞋

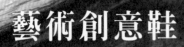

創意與想像，使鞋子不再只是穿來走路，透過這些家具設計與藝術感鞋款，使居家佈置也更為豐富多采。這些大膽的創意展現，也讓鞋子從鞋櫃登上藝術品殿堂。

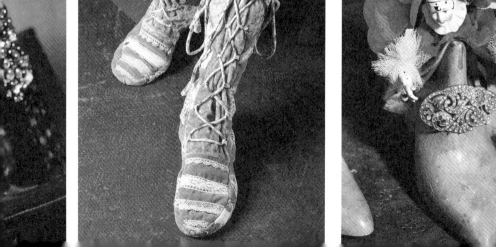

附錄 鞋型紙版

（可視需要以原寸或放大影印使用）

開朗寶寶學步鞋紙版

（點點記號之間不縫合）

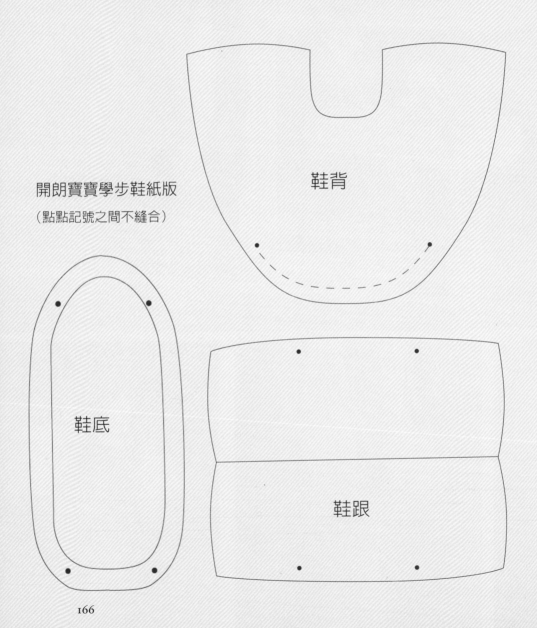

鞋背

鞋底

鞋跟

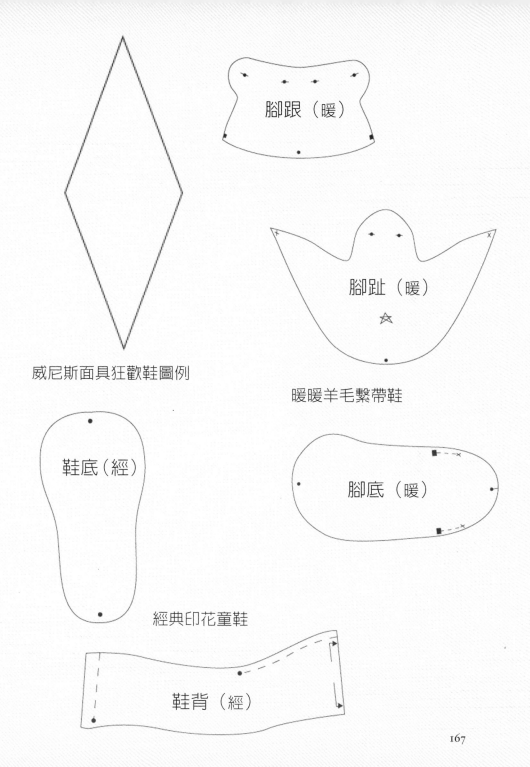

腳跟（暖）

腳趾（暖）

威尼斯面具狂歡鞋圖例

暖暖羊毛繫帶鞋

鞋底（經）

腳底（暖）

經典印花童鞋

鞋背（經）

性感繡花高跟鞋花紋

雞尾酒party高跟鞋圖例

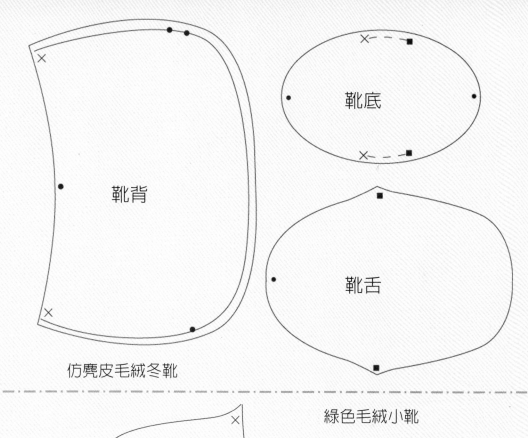

靴底

靴背

靴舌

仿麂皮毛絨冬靴

緑色毛絨小靴

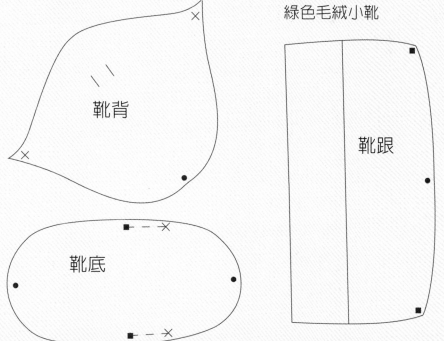

靴背

靴跟

靴底

時尚眼力測驗解答

A.拖鞋與涼鞋

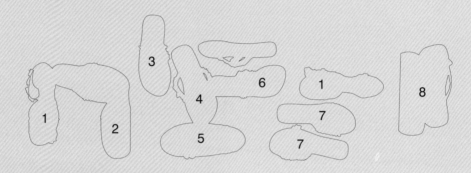

1. 使用熱熔膠將大朵絲綢花黏在鞋子的腳趾部位,還有尺寸較小的花則黏在鞋帶上。

2. 利用隱針縫法把串珠緞帶,整齊地縫在粉紅色喀什米爾羊毛拖鞋上。

3. 在夾腳的鞋帶上繫滿各色大小不一的結,用牙籤沾強力膠塗在結上使之固定。在結外黏上水鑽鈕釦或是裝飾別針。

4. 巴西的人字拖(Havaianas top),買來就是這樣。

5. 將人造花花蕊拿掉,黏或別上一個玻璃珠在原來位置;在適當地方再黏上一朵花。

6. 紅帽協會手工製品(Red Hatter Handmades),買來就是這樣。

7. 用強力膠將各式各樣玻璃串珠黏在鞋帶上。

8. 使用熱熔膠將兩朵黃花黏在涼鞋的鞋帶後中部位,用老虎鉗切去海星扣子數隻腳,將之黏在花朵中央。

B. 秋冬款高跟鞋

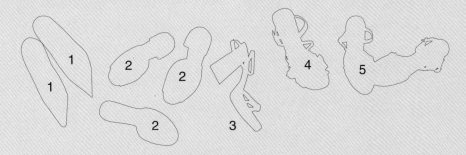

1. 在漆皮的黑色高跟包鞋上夾上水鑽耳環。

2. 在鞋帶上別上大型水鑽胸針。

3. 使用強力膠在粗鞋跟和涼鞋鞋帶上，黏滿各式各樣的玻璃珠飾物。

4. 將絲綢花在靠近枝幹處剪下，用強力膠固定在鞋帶

5. 藉雙面膠或是強力膠膠將串珠飾帶自鞋帶內部黏著固定。

C.春夏款高跟鞋

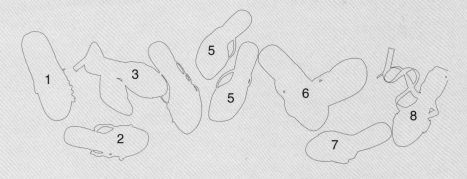

1. 用強力膠將雛菊黏在白色運動鞋上。

2. 用強力膠將花朵飾帶黏在涼鞋鞋帶上。

3. 用強力膠將小花飾物黏在涼鞋的腳趾部份。

4. 用強力膠將綴滿寶石的飾帶，黏在其中一條涼鞋鞋帶上。

5. 用強力膠將小花飾物黏在交叉的鞋帶上。

6. Mossimo牌涼鞋，買來就是這樣。

7. 用強力膠將人造花，黏在綴滿金屬色亮片的涼鞋上。

8. 使用雙面膠在鞋帶上黏一條白色織帶或緞帶。

D.OL必備鞋款

1.用透明熔膠將獎章黏在鞋帶上，注意獎章的角度在行走時不刮傷腳趾。

2.在鞋帶上別上別針，注意正面擺放，從各個角度看這別針都好看。

3.Karen Scott高跟涼鞋，買來就是這樣。

4.在鞋面腳趾部位黏上絲綢花。

5.Mossimo涼鞋，買來就是這樣。

E.靴子

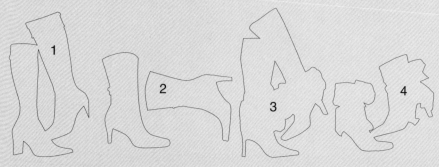

1.在靴子的高統邊緣縫上串珠飾帶。

2.用強力膠將串珠羽毛飾物黏在靴子外。

3.裁一條羽毛圍巾剛好裹住腳踝處，將開口縫合固定。以相同方法在帽緣
  也圍上羽毛圍巾，使用胸針將之固定。

4.在靴子上打個寬大的緞帶蝴蝶結，再用強力膠黏在靴面固定。

F.BABY鞋

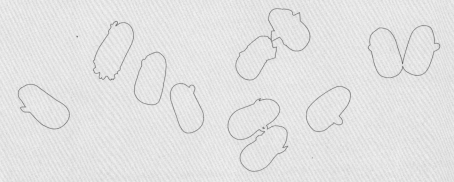

所有的鞋款都是用強力膠或一般黏膠把花朵、繩結、串珠飾帶、鈕釦等等
裝飾小物黏在布料材質的鞋頭上。

本書協力設計師：

Karen Christensen

Sue Ellen Cooper

April Cornell

Susan Cottrell

Suzy Eaton

Sandra Evertson

Mary Jo Hiney

Catherine Matthews-Scanlou

Susan Seymour

Marty Stevens-Heebuer

Katie Stuart